U0296110

凝视 遇见

陈超群 著

上海交通大学出版社

SHANGHAI JIAO TONG UNIVERSITY PRESS

一城草木

FLORA ESSAYS NATURAL LIFE IN THE CITY

内容提要

本书是一本城市植物的随笔和摄影集。作者以长期在城市（深圳为主）中的自然观察为基础，结合个人视角和生活经验，用镜头和文字记录下绿意盎然的一城草木。在作者笔下，草木既是天地自然的产物，亦是文化历史的记忆，更是日常生活的角色。全书以清新通透的笔触一洗现代都市的繁华喧嚣，喻示和传递了亲近自然、宁静诗意的生活境界和人生态度，直抵现代都市人群内心深处的“乡愁”。

图书在版编目（CIP）数据

一城草木／陈超群著．—上海：上海交通大学出版社，2016
（博物学文化丛书）
ISBN 978-7-313-16170-3

Ⅰ．①一… Ⅱ．①陈… Ⅲ．①植物—研究 Ⅳ．①Q94

中国版本图书馆 CIP 数据核字（2016）第 279148 号

一城草木

著　　者：陈超群
出版发行：上海交通大学出版社　　地　　址：上海市番禺路 951 号
邮政编码：200030　　电　　话：021- 64071208
出 版 人：郑益慧
印　　制：山东鸿君杰文化发展有限公司　　经　　销：全国新华书店
开　　本：787mm×960mm　1/16　　印　　张：20.25
字　　数：220 千字
版　　次：2016 年 12 月第 1 版　　印　　次：2016 年 12 月第 1 次印刷
书　　号：ISBN 978-7-313-16170-3/Q
定　　价：58.00 元

博物学文化丛书
总序

丛书主编 刘华杰

博物学（natural history）是人类与大自然打交道的一种古老的适应环境的学问，也是自然科学的四大传统学科之一。它发展缓慢，却稳步积累着人类的智慧。历史上，博物学也曾大红大紫过，但最近被迅速遗忘，许多人甚至没听说过这个词。

不过，只要看问题的时空尺度大一些，视野宽广一些，就一定能够重新发现博物学的魅力和力量。说到底，“静为躁君”，慢变量支配快变量。

在西方古代，亚里士多德及其大弟子特奥弗拉斯特是地道的博物学家，到了近现代，约翰·雷、吉尔伯特·怀特、林奈、布丰、达尔文、华莱士、赫胥黎、梭罗、缪尔、法布尔、谭卫道、迈尔、卡逊、劳伦兹、古尔德、威尔逊等是优秀的博物学家，他们都有重要的博物学作品存世。这些人物，人们似曾相识，因为若干学科涉及他们，比如某一门具体的自然科学，还有科学史、宗教学、哲学、环境史等。这些人曾被称作这个家那个家，但是，没有哪一头衔比博物学家（naturalist）更适合于描述其身份。中国也有自己不错的博物学家，如张华、郦道元、沈括、徐霞客、朱橚、李渔、吴其濬、竺可桢、陈兼善等，甚至可以说中国古代的学问尤以博物见长，只是以前我们不注意、不那么看罢了。

长期以来，各地的学者和民众在博物实践中形成了丰富、精致的博物学文化，为人们的日常生活和天人系统的可持续生存奠定了牢固的基础。相比于其他强势文化，博物学文化如今显得低调、无用，但自有其特色。博物学文化本身也非常复杂、多样，并非都好得很。但是，其中的一部分对于反省“现代性逻辑”、批判工业化文明、建设生态文明，可能发挥独特的作用。人类个体传习、修炼博物学，能够开阔眼界，也确实有利于身心健康。

中国温饱问题基本解决，正在迈向小康社会。我们主张在全社会恢复多种形式的博物学教育，也得到一些人的赞同。但对于推动博物学文化发展，正规教育和主流学术研究一时半会儿帮不上忙。当务之急是多出版一些可供国人参考的博物学著作。总体上看，国外大量博物学名著没有中译本，比如特奥弗拉斯特、老普林尼、格斯纳、林奈、布丰、拉马克等人的作品。我们自己的博物学遗产也有待细致整理和研究。或许，许多人、许多出版社多年共同努力才有可能改变局面。

上海交通大学出版社的这套“博物学文化丛书”自然有自己的设想、目标。限于条件，不可能在积累不足的情况下贸然全方位地着手出版博物学名著，而是根据研究现状，考虑可读性，先易后难，摸索着前进，计划在几年内推出约二十种作品。既有二阶的，也有一阶的，比较强调二阶的。希望此丛书成为博物学研究的展示平台，也成为传播博物学的一个有特色的窗口。我们想创造点条件，让年轻朋友更容易接触到古老又常新的博物学，“诱惑”其中的一部分人积极参与进来。

2015 年 7 月 2 日于北京大学

序一　一城草木，新家园的爱与注脚

文 / 陈惊鸿《中国国家地理》编辑、记者

超群是我读研究生时候的室友，清华园一别13年后，再读到她的文字，仍然是清新、纯真，充满了对生活的热爱和好奇，就像我们曾朝夕相处的青春时代一样。

当然，13年的漫长也像流淌的河流，我们都是在岸边垂钓的渔人，有了不同的收获和经历。她的这本写草木的书，也像是一只轻跳入水的石子，触动了我心中的层层涟漪。

异乡与故乡

在她的书中出现的那些鲜灵灵的草木，大约一类是属于故乡的，另一类则是属于新家园深圳的，或者说是“异乡”的。

什么是故乡，什么又是异乡呢?

作为80年前后出生的我们，可以说就是中国漂一代的典型。

十七八岁，上了大学后就告别故乡，一度，我们便把读书的北京当成了自己的第二故乡，毕业一别，她南下深圳，去往了她的第三故乡，我则据守北京，去年又因为先生的工作而再次暂时远迁到南半球的新西兰。

时光荏苒，我们各自在不同的新土地上工作成长，结婚生子，开枝散叶，扎下我们新的根系，五年、十年、十五年，以及正纷至沓来的，更长的时光。

所谓故乡，经过时光的筛选而遗留下来的，除了那些人和情感，便是一城草木了吧。那些花朵、果实、叶子，它们共同的歌舞与合唱所氤氲出的气氛，它们对于季节和诗意的提示和启发。

作为一个不断迁徙的人，观察草木的角度，也就情不自禁多了几个层次。于是，当超群写到深圳的紫藤，笔触一转却又念起清华本部那著名的“像一条瀑布，从空中垂下”紫藤长廊时，当她写到在深圳土地上发现江南“著名”春之野菜马兰头的欣喜时，当她对比清雅的清华校花紫荆和气质热烈的南方洋紫荆时，我都能读到人生迁徙的节奏。

一些细节是动人的。如果说视觉是短暂的，不断成长的，那么味觉和嗅觉则是沉淀在生命深处的，好比远渡重洋的人可能会在新环境中脱胎换骨，可对故乡之味的眷恋却终生难变。

汪曾祺写江南蒌蒿，说它的香味像“坐在河边闻到新涨的春水的气味”，超群亦用类似的笔触写马兰头——“很特殊，像江南田野草木蓬发的气味”，是一种让人想起“炊烟和母亲”的植物。

而异乡，从草木的角度来说，则似乎与挥之不去的新鲜感和陌生感相连。

她的文字中，有一抹浓烈的色彩，是属于木棉、蒲葵、露兜、火焰木等热带植物的。她写到最初与这些草木相遇时，会感到吃惊，甚至有一丝惊惧。同温厚内敛的北方蔷薇桃李比起来，它们的花朵太红太艳太硕大，枝叶也有些张牙舞爪，会带给她“满脑子热带丛林的想象”。可接着读下去，她便开始写熟知和理解它们的过程，同时也像老深圳般，为更新来的同事和朋友讲述这些特殊草木的故事和细节，津津乐道于美丽异木棉的“美人心计”和“假槟榔”的真假难辨。

在字里行间，我看到了一座“异乡”正在变成“故乡”的过程。其实，在某种程度上，我们就是行走的草木啊——适应了一片新的土地，异乡就成为我们真正的家园，亦成为我们儿女的故乡。

思无邪

虽然毕业后就一直天南海北，但距离并未隔开我和超群，除了网上的交流，在她前来北京出差的时候，我们会相聚，谈笑起来，仍是恰如同学少年，栏杆拍遍。

超群约我序，我却拖延了数日，并非偷懒，而是郑重。

我们都爱梭罗的《瓦尔登湖》，也喜爱听台湾的美学家蒋勋用低沉和缓的声调讲述美。这两个小小的爱好，都不适宜在熙熙攘攘，日光强烈，匆忙繁华的环境中进行。清晨、黄昏，或是深夜是享受它们的最佳时间。

于是，我在读了超群书稿的头几篇之后，便决定也选择同样的时间段去把它读完。我想，大约只有这样，才能真正地读懂吧。

对我而言，这并非是一个写作任务，而是我和朋友之间美好的交流。或者说，这篇书评，就像是我寄给多年好友的一封信吧。

古人评诗经，说诗三百，一言以蔽之，曰思无邪。关于这个评论，鸿儒自有多种解说，可我却想取其最质朴的意思，来评价超群的这本新书。

思无邪，便是真情流露，质朴纯实。

思无邪，来自于对大自然真挚的钟爱和慈悲，来自不疲惫的青春、不忘怀的童年以及开放的心灵。

《诗经》中写“思乐泮水，薄采其茆”。茆就是莼菜，有着特殊的质地和香味，柔滑而鲜嫩，用轻盈的素手去采江南的莼菜。生活的纯粹之美，便在这件小事中吧。超群写在深圳采马兰头的故事，我便也有类似的感受。

《诗经》写，昔我往矣，杨柳依依。今我来思，雨雪霏霏。超群写为了给北京同事带岭南野果“水蒲桃”作为礼物，还特意去校园中寻找和采摘，好作为“冬枣、冰糖葫芦”的回赠，也逸趣横生，充满感情。

而最打动我的则是她和绶草的故事，她写和绶草相遇，“像一柄有着精致碧绿握把和整齐洁白刷毛的小牙刷，藏在校园草地的大石头旁，一般人很难发现”。写“经历了一晚上的狂风暴雨，我一早就急匆匆跑去看你”。更让人忍俊不禁的是，因为担心环卫绿化工人把绶草拔了，还在边上徘徊逗留，纠结不已。

用草木来解读家园

在中国古典文学的审美体系里，关于草木的华章，我们能读到的多是关于江南和塞北的，而岭南则似乎要少得多。也许因为岭南并非文化中心，而贬谪的文人墨客也没有太多的心境却感知草木的细微末节。于是，除了鼎鼎大名的“日啖荔枝三百颗，不辞长做岭南人”外，似乎很难顺手拈来更多的辞句。每当想起这块，总觉得有些空荡荡的。

所以，读完超群的书稿，我感到颇为“解渴”。作为一个新岭南人、新深圳人，她把对于家园的眷恋，对人生的感悟，安放到身边的草木之上。有许多动人的辞句，让我难忘。

在她的眼中，“杨桃在枝头闪着光”，切片以后“特别像童话中的星星”。她写“南方的五月在雨水和骄阳的交替中挣扎，凤凰花却用尽力气一跃而起”，所以，“用开放、绽放、盛放都不足以形容，唯有怒放，才当得起那如火如荼、将天地燃尽的气势”。

还记得超群刚毕业不久，来北京出差的时候，我们回到清华园中散步。她说，北京的草木和深圳的大不同，四季分明，个性干脆，像是节奏分明的诗篇。而深圳的草木，因为南方几乎永不落幕的温暖，它们也变得有些单一，层次多样的绿一年到头。那时我想，也许在超群的心中，还是有些思念北京吧。

不过，今天当我读到她开始惦记用油绿的艳山姜叶子来包裹传统食物，写她对菠萝蜜、榴莲的态度转变，从最初的“被摁着千哄万骗地吃了”到现在的“热衷于它们特殊的芳香，品出了浓郁的层次丰富的奶酪香味”，我感受到了她对于岭南的热爱和眷恋。

与其说她在写岭南草木，不如说她在解读家园吧。

她已经把根扎在这片大地上，恰如书中那些来自遥远地方的红千层和柠檬桉般，同岭南的草木一起，长成了一片葱茏。

序二　草木不是无情物

深圳南山区有塘朗山，斗折耸立，如一面巨大的绿屏风，将城市隔作南北两端。南边是灯红酒绿的动感之都，北边是花红草绿的书香校苑。深圳大学城的清华、北大、哈工大三大研究生院，以及近年执高校去行政化改革牛耳的南方科大，都星列于此。这是可以静静打量眼前这座现代化之城、可以让思想肆意拔节的地方，清华才女陈超群，就在这有了她的新发现。

她的发现是——百余种与城市高楼一起蓬勃生长的各有禀性的花草树木，然后收获了一本以另类视角来观察这个城市的审美记录。她还为这本用时两年完成的博物随笔，取了一个颇有几分大气的名字，《一城草木》。

我大概是《一城草木》的最早的读者，也是这本书写作过程的见证者之一。

两年前，我为创办不久的《南方教育时报》进行编辑改版，在副刊的定位设计上，我想做成一个以回望乡村的亲地性为特征的“原生活”板块，以区别于其他报纸基本上反映都市生活的文化面孔。理由是，高速发展的移民城市，如火如荼的城镇化建设，所有这些逼人而来的现代化运动，正不由分说地吞噬着人们心中诗意的田园空间，从而给无数人带来某种挥之不去的精神焦虑。这是一个深层而常被人忽略的时代脉象。我想，报纸应当提供一种“生活走向现代，精神回到故乡”的新的人文生活体验，它或许能产生某种神奇的抚慰，化解人们心中对远离土地的神秘乡愁。

就在我的一系列“原乡”栏目相继出台并四下组稿约稿的时候，超群给我寄来了她的第一篇“植物志”，还附了图片。文字很短，但她细致的观察和字里行间中的妙趣，正好符合我对报纸副刊的新想法。我想在我的原味生活的文字拼盘上，为她专留一处“植物随笔”。山水草木，那不正是与城市最近的原乡么？

超群对这个专栏颇有兴致，但她一开始还是希望图文式的介绍，认为可能更符合于这个快节奏的读图时代。我说，快也是一个相对的概念，要相信文字的力量，它可以让人们从眼到心地愿意为美好的事物停留更长的时间。我希望给我们的读者提供的，不光是一个博物概念的、纯知识性的风物专栏，一切自然的背后，当更有情感的投映与生活的温度。

她对我的意见表示了认可，笔下的草木，从此不可收拾地蔓延开来。于是香樟的香，不止有她现在工作的窗前漂过的淡香，还带出记忆里永存的远方醇香。她在浑身带刺的木棉身上，发现了“美人树的真心”，青春时带着青涩傲娇的刺，却愈老而愈美。她走近荔枝林深处的人家，让我们看到了城市中另一类人群的喜忧人生。她通过对老广们偏爱的发财树的观察，悟出了广东人追求富足敢闯敢试的精神之源。一百多种花草树木，这么一路道来，不仅悄悄地完成了博物学意义上的生物认知，而且还同无数我们熟悉的生活场景发生了连接，悄无声息，不着痕迹。

小区里有不少夹竹桃，开花时非常漂亮，小孩们都爱去摘花玩，我又免不了一顿劝说，看看即可，不可攀折。一天我女儿问，为什么夹竹桃有毒可是人们种了这么多啊？你看哪里都是夹竹桃，一片一片的。我想了想说，大概任何事物都有两面，夹竹桃是很好的景观植物，又有净化空气、保护环境的能力，它的毒性甚至还可以做药。五岁的女儿似懂非懂，摸摸我的脑袋说，你是不是中毒啦，说了半天全是赞美的话。夹竹桃美艳，夭夭灼灼，你能不中它的毒吗？

这是《夹竹桃》中的一段文字。我以为，这样朴实而随性的写字，才堪称作“真的文字”，它不只是帮我们认识了这样一种“有毒”而常见的城市植物，而且在这些文字的后面，还可以感觉到一个人的知性、自然与意趣。

在后来的来稿中，我发现超群这种植物控式的观察越来越深入，也更为精准。表达的方式，也渐不拘一格。我以为，与自然为友，与草木相亲，这本是人之与生俱有的天性。好的博物学随笔文字，对与土地渐去渐远的现代人，能产生某种精神的治愈，可以帮助在城市中生活的人，实现一种自然的抵达。

记得有一段时间，市面上突然流行起一系列民国期间的老课本，我发现这些当年国人的启蒙教材，开篇竟然绝大部分是博物的内容，山河大地，俱各禀性情，草木鸟兽，皆亲切有味。这些书受到读者们空前的欢迎，形成一股持续不衰的“民国回归热”。此后不多久，一本同是民国时期再版的《澄衷蒙学堂字课图说》，也基本上是从风雨雷电、自然博物开始，去激发孩子们去认识、亲近、热爱身边这个美丽的世界，并从中获取生活的力量。而在西方的神话中，也有类似的传说和寓意。据说希腊英雄安泰，是大地母神之子，每当在天空与敌人搏斗得筋疲力尽，只要他的身体触及大地，就能重新获得几乎不可战胜的神力。这些，都揭示出人与自然的密切关系。谁说草木就是无情物？它们难道不与世人会有某种相同的命运？

我能在超群的作品中，找到与这些先人们在观察自然、回到自然中的共同之处，也能找到她的书必将受到更多人喜爱的理由。

黄浩

2016 年 4 月 14 日于深圳霞寄楼

目 录

香樟

我的窗外是一小片香樟林。三四月份，香樟树开出了细密的黄绿小花，空气中飘荡着若有若无的香味。那香味伴着一声声扫树叶的声音，“沙——沙——沙”，从容地穿越时空，飘进我的窗。

曾经和一群朋友在江西婺源旅游时，听到了香樟树陪女孩出嫁的故事。古时候，在江西婺源，谁家若有女儿出生，家里人就会在院子里种上一棵香樟树，等女儿到了该出嫁的年龄，媒人前来说亲时，家长并不当场表态，但如果第二天把院子里的香樟树砍了，就表示同意这桩婚事了。香樟木做成的箱子装满女儿的嫁妆，也装满了父母无言而又最深情的牵挂。

那时我还不认识香樟树，只记得在那个盛夏的下午伴着蝉鸣走遍了婺源的一个个村子，看各家院落种着的树木，一棵棵去闻，也没闻到什么香。没找到香樟树，却见村里家家户户在卖香樟木，有做成串的，有做成千奇百怪的工艺品的，有的直接在院里架起一个摊子，横一截树干，将木头锯成一截一截的来卖。无论是串珠、工艺品，还是一截木头，闻之奇香。我和同行的朋友各买了几截“香樟木”，装在

1
—
2

1 办公室窗外的一小片香樟林。

2 香樟（*Cinnamomum camphora* [L.] Presl），
樟科樟属常绿乔木。2015 年 3 月摄于深圳大学城。

塑料袋里，一路走一路闻，生怕香味消失了。等我们和整个队伍会合后发现，几乎每人手里都拎着一小袋“香樟木”。

看来人人都向往故事中美丽的香樟树。我们各自把香樟木拿出来，像古玩市场的行家一样比拼成色。经过一番品头论足后发现，大家买到的香樟木还都有自己的个性，有的闻起来像香奈儿，有的像爱马仕。为了证明自己买的才是正品，又是好一番品香大战。

在我的记忆中，虽然那天闻了很多香气，但细细想来，却没有哪个香气是我真正期待中的，它们都太张扬露骨。

多年以后我才知道，我办公室的窗外，其实就是一小片香樟林。据研究，樟树能散发出松油二环烃、樟脑烯、柠檬烃、丁香油酚等化学物质，能过滤出清新干净的空气。我天天坐在长着香樟树的窗口，却也没有闻到明显的香气，只是每逢香樟树开花的时节，能感觉到空气中流动着若有若无的淡香，好像很悠远，又好像很近。香樟花香尚且如此，它的木头香应该更内敛、更深邃吧。

当我做了母亲之后，我也突然明白，遥远的古代，女儿打开香樟木的箱子时，那种不易察觉却真实存在的香气，应当最能连接起父母与女儿之间细腻绵密、落地无声的心思吧。也许，香樟木真正的香气不是用来闻的，我也不再会去要一截香樟树的木头来闻闻香气是不是正宗了。

荔枝林

五月初，刚结果的小小荔枝已挂满枝头。六七月份荔枝当季时，深圳本地人赤脚爬上树去摘，随手择一颗两头一捏，像熟练的厨师单手打鸡蛋似的，雪白多汁的果肉就自己跳脱出来，神奇极了。有人告诉我，荔枝果壳上有一道天然的缝，在植物学上称作缝合线，是由于荔枝两心皮两室两胚珠的结构形成的，缝受力易裂，果肉就跑出来了。我仔细一看果然如是，也学着那么一捏，汁水迸我一脸，果肉还是不听话。这是个有点挑战性的技术活儿，有趣。不过对我来说，与荔枝相关最有趣的还不是捏荔枝，而是荔林深处一次经历。

记得某次爬塘朗山（位于深圳市南山区）时，透过浓密的荔枝林，看到里面有种菜的，心想别看这穷山僻壤的，种的菜肯定比超市的好吃，不如下去买一把晚上炒。于是拨开杂草，下到荔林深处，见一简陋茅舍，周围因地制宜辟了些菜地。我一路走一路看，发现树林里还养着走地鸡。走地鸡比养殖的肉鸡营养好，于是我打算再买只走地鸡。

有人吗？有人。茅舍走出一个蓬头垢面的小伙子。我说要买走地鸡，小伙子举出一根杆就开始追鸡。那些鸡上窜下跳，有的跳到荔枝树上，有的窜到菜地里。小伙子满林子追，却一个都没逮到。可能鸡飞狗跳的场景太激发笑神经了，我不停地在笑。实在看不过去了，我憋住笑说，不如你先把鸡赶到栅栏里，然后再实施定点堵截。小伙子说，那也得它们愿意进栅栏啊，你看它们全跳树上。又追了几次，还是没逮到。我说，算了，我不买了。

小伙子悻悻地举着杆子回来。我又觉得让人家追半天结果没做生意有点过意不去，买点什么别的吧。扭头一看，有几个蜂箱，几桶蜂蜜。我顿时想起了杨朔的《荔枝蜜》，来点儿荔枝蜜吧。小伙子很高兴，拿了一个空瓶子，拧开一桶就要倒。慢着！我失声大叫，桶沿的一圈蚂蚁正爬得欢。怎么会有那么多蚂蚁？小伙子无辜地说，因为是真正的蜂蜜嘛，香啊，蚂蚁就爱吃。我想了想说，都有蚂蚁的口水了，我还是算了吧。

还是没买东西，而且更劳动了人家，更过意不去，再看看菜吧。走到菜地一看，能摘的只有春菜，其他都还是不认识的小苗，但春菜味苦，我当年十分不爱吃。最后，我什么都没买，只好一个劲地跟人家说抱歉，心情十分复杂地退出了树林。

这就是我多年前误入荔林深处的遭遇。其实，在深圳时间久了，觉得当年很多细节也是少见多怪了。在深圳这座高速发展的繁华都市深处，还有一些林子深处人，他们或是本地的或是外来的，在荔枝林里搭了简陋的茅棚，挨着蚊叮蚁咬，忍着风雨暑热，靠养蜂养鸡守树

1
—
2

1 荔枝树（*Litchi chinensis* Sonn.），无患子科荔枝属乔木。
2014 年 6 月摄于深圳大学城。

2 深圳很多山（如塘朗山、梅林山）都有浓密的荔枝林。
2013 年 6 月摄于深圳市梅林山。

过生活。后来听改革开放初期就到深圳蛇口招商局打拼的顾立基先生回顾往事也得知，深圳水土不宜种菜，种出的菜大多发柴发苦，早年往往几个月都吃不到青菜，所以苦味的菜也觉得好吃。回想起来，荔林深处那一丛春菜，对早年来深创业者来说也是奢求了。

看到荔枝满枝头，想起了这件往事，谈笑之余，也当是品一品岭南之艰苦、生活之不易、百姓之坚韧吧。

薄荷

第一次吃薄荷叶比较偶然。夏日傍晚，一打地摊的农妇向我兜售她的菜，连日的雨，打得菜都烂乎乎的，我翻了半天不中意，但看着她那风吹日晒又黑又粗的脸，心想还是应该买她一把菜，就翻到了一扎没见过的菜——也是烂乎乎的，用小细麻绳捆着。看我有些想买，她打起了淳朴的广告词——这薄荷叶多靓，煎鸡蛋、打蛋汤都很香。薄荷？那不是做牙膏的吗？这也能吃？我心中一百个疑问，不自觉就把那把烂菜凑到鼻前闻，顿时提神醒脑，心旷神怡，这菜我买了！当晚的薄荷鸡蛋汤成为家里众口称赞的一道好汤，堪称翡翠白玉汤。

后来我就一直很想在自家阳台小菜园里种植薄荷，可惜很难发芽，从菜市场买来的也很难扦活。有一次我又遇到了那名农妇，问她还有没有薄荷，她沮丧地说，薄荷很难种，最近长势不好，都没的摘，要不然早摘来卖了。

缘分等待有心人。春天去深圳东部海滨踏青时，竟在杨梅坑附近一个渔村的荒地里邂逅了长得非常茁壮的野生薄荷。俯身细看，叶片色泽翠绿清亮，前端尖后部椭圆，叶面布满网纹，叶边有锯齿状，观其“形”应为薄荷。择一片绿叶轻轻一搓，熟悉而清新的“牙膏”香气扑鼻而来。对了，就是它!

本想拔其中长得最好的“几棵”，没想到东部海滨沙性土壤很松，牵牵扯扯拉出来一大丛。原来，薄荷的茎会匍匐在地上并长出根须，就像南方常见的榕树那样，树枝垂到地上也成了根。我把这个意外收获放在车里，又游览了一整天，还赶上了堵车，很晚才到家。第二天一早想起薄荷，特别担心它已经蔫了，令我喜出望外的是，或许是野生的关系，它的生命力超乎寻常。我抓紧时间把它安置在阳台小菜园里。老根扦插，嫩叶做汤。野生薄荷的味道比超市买来的浓郁多了，配点鸡毛菜在里边，浓淡相宜，味道正好。几天后，阳台上扦插的老根也缓过来了，有了生气，冒了新叶。

我与薄荷之间的缘分，从头到尾都如江湖邂逅般风轻云淡。这符合薄荷的性格，它就是这么平凡淡定，如果没有事先认识它，我根本不可能从杂草中发现它。但即便如此平淡，它的香味却沁人心脾，足以让身体的每一个细胞都感到舒畅。

也只有这样的风轻云淡，才能修得如此的清爽通透吧。

1
—
2

1 我家阳台上的薄荷。薄荷（*Mentha canadensis* Linnaeus），唇形科薄荷属植物，全株气味芳香，是传统中草药。2014 年 4 月摄。

2 开着淡紫色小花的薄荷。2015 年 10 月摄于天津七里海。

台湾相思树

春末夏初，有一种树会变成梵高油画中的那种黄，那是台湾相思树开花了。有人说，台湾相思树弯弯的树叶像少女微蹙的眉毛，而那些细密连绵的金黄色小绒花则是相思的眼泪，微风吹来，树影轻摇，细花纷落，像是诉说心中无限事。

台湾相思树是蔷薇目豆科金合欢属常绿乔木，枝灰色或褐色，小枝纤细，树叶镰状，头状花序，花金黄色，球形，有微香，花期3—10月，荚果扁平。剥开荚果，里面并无诗人王维笔下的“红豆”。查阅资料得知，相思树和红豆树是两种不同的树。然而，就像诗人的红豆给人无限的遐想一样，“相思树”这个名字也引人探究它的背后是不是有着一个美丽凄婉的故事。关于台湾相思树的由来有很多版本。

一则说，战国时期，某王爱上舍人之妻并夺之。丈夫殉情自刎，妻子随之撞台而亡，遗书与夫合葬。王嫉怒，叫人分开埋葬，两冢相望。一夜之间，有两棵树生于两个坟头，不久又合抱在一起，根枝交错，且有雄雌鸳鸯栖宿树上，交颈悲鸣。时人哀叹，就命其名为相思树。

台湾相思（*Acacia confusa* Merr.），豆科金合欢属乔木。
2014 年 4 月摄于深圳大学城。

又一则说，与台湾隔海相望的福建东山岛在1950年解放前夕，败退台湾的蒋军残部当时从东山岛抓走了四千余名壮丁。有些去台人员至死未能实现落叶归根的愿望，弥留之际含泪求好友采撷产于台湾的“相思”寄回老家，种于生身父母或亡妻墓旁。

还有故事说，从前有对恩爱夫妻，丈夫为谋生而远渡重洋时，在厦门海边种下一树，相约三年后相见。从此妻子就天天守在树下，望着无垠的大海，日日思夫君，盼亲人早归家园。以后，人们就把这树叫做“相思树”。

据《中国植物志》，台湾相思树在我国台湾、福建、广东、广西、云南均有野生或种植。相思树也有不同的品种。或许人们把故事中的相思树与台湾相思树混为一谈了；或许相思树最早是从大陆移植到台湾，随后又在台湾发扬光大；又或许相思树原产于台湾，随后逐渐移植到了大陆。真真假假似乎已很难分清，但若真读懂了它的名字，又何须分清，台湾和大陆，本来就是你中有我，我中有你，如何能分开。那“微蹙的弯弯眉毛”和“不绝的颗颗泪珠”，无论于谁，寄托的当是同样一份深情。

影视作品《相思树》里的台词说得好:“尽管你什么都没有，但是你有希望。”相思的滋味是孤独而苦寂的，但相思的人心中永远有那份不灭的希望，只愿这些“眼泪”随风飘去，“我也好让你知道我对你的这份心思”。

白兰花

树荫下一缕幽香传来。抬头一看，十余米高的大树，密密的叶子，叶间含着星星点点的花。白玉般的细长花瓣舒展而微拢，毛笔头似的淡绿花苞沉静而娇俏，清雅别致，香气淡远。

“这花好美，像穿着素静旗袍的江南女子。”我不禁赞叹。“这是白兰花，老家有很多白兰花，没想到深圳也有。”母亲说。初夏的一天，我陪母亲散步。与其说是我陪母亲，不如说是母亲陪我看树看花。

我很喜欢这花，就横竖左右拍起照来。五月的天气阴晴不定，天空突然飘起细雨来。可我兴趣正浓，真不想就此离开。

“我帮你撑着伞，你拍吧。”母亲掏出一把雨伞撑在我头顶。在雨伞的庇护下，我继续拍花。我移到左，母亲就跟到左，我扭到右，母亲就把伞举到右。我一心一意拍花，母亲则絮絮叨叨说花。

母亲说，以前年轻的时候，等到夏天白兰花、栀子花开了，就别一朵在耳朵根，很清香的，白兰花更好，小巧些，香气也淡雅。

白兰（*Michelia* × *alba* Candolle），木兰科含笑属乔木。
2014 年 5 月摄于深圳市南山区桃源村。

母亲说，老家到了这个季节，有人清晨把白兰花摘下来，放在小竹篮里，盖上湿布，拿到巷子里去卖，一条巷子都飘着白兰花香。

母亲说，以前还把白兰花用细绳穿起来吊在扇子坠上，夏天扇风的时候风是清香的，感觉也格外凉爽。

母亲说，可以把白兰花放到绿茶的茶叶桶里，时间长了，绿茶就熏上白兰花香了。

母亲说，我们老家还有一出锡剧叫《白兰花》，很久没看锡剧了……

我停下不拍了，我看着我的母亲。她帮我打着伞，微笑着说，你喜欢就拍吧，没事，我帮你撑伞。

我喜欢白兰花，可我哪有母亲喜欢。雨中的白兰花，不知勾起了母亲多少关于故乡和青春的记忆。我知道，母亲想家了。父亲母亲很多年前就离开生活了几十年的家乡也来了深圳，照顾我们，帮我们带孩子。他们时常想家，可平日里虽然总说要回家，却始终一直陪在我身边。

深圳这座城市的脚步太匆忙，没有母亲说的那些清雅悠远的闲情逸致，我也从未细细体味过父母真正的心思。然而，在这他乡雨中的白兰花树下，我才明白，父亲母亲不是渐渐习惯了现在的生活，而是无论我们走到哪儿，他们永远都会放弃自己，默默地为我们撑伞。大爱无私，做子女的要念亲恩。

杜英

记得有句笑话说，一米五的人和一米八的人看到的世界是完全不同的。人的观察行为有天然的物理视角，对事物的判断也有各自的心理视野，即基于不同的自然条件、个人特点和社会因素，人的“视线”是不同的。要说杜英的，怎么说起这个呢？因为昨天一场大雨让我见到了杜英花，而杜英花让我真切体会到了“视线”这一说。

雨后散步时，我进入了一片小叶榄仁和竹子混杂的林子，突然发现地上一簇白色的花。细看这花，白中带绿，五片花瓣围成喇叭形，花瓣末端有细密的流苏，非常精致可爱，像一条条夏威夷草裙。

这是什么树上掉下来的花呢？抬头环顾一圈，周围都是我比较熟悉的树，不可能开出这样的花。好奇心使然，带着一定要搞清楚这支花由来的精神，这次我就多抬了一次头，“啊！”我惊呼起来，在我平日视线范围以上，有一种树开满了白色的花，密密麻麻挤在一起，像一个个圆溜溜的眼睛看着我。退后几步看，这树大约有十余米高，较为低矮处基本没花，可接近树冠的部分却开满了花。

1
—
2

1 杜英落花。2014 年 4 月摄于深圳市南山区桃源村。

2 杜英花开满树。杜英（*Elaeocarpus decipiens* Hemsl.），杜英科杜英属植物。2014 年 4 月摄于深圳市南山区桃源村。

脑海中零碎的记忆突然躁动起来，这花似曾在书上见过，循着记忆的线索去找，查得它叫“杜英”，木兰纲锦葵目杜英科植物。

杜英的花多而密，让人视觉震撼，然而更触动我的是，要不是大雨打落了这一枝花，要不是抬高一点视线，我就不会发现它，也许我就想当然地认为，这里就是一些矮竹子和小叶榄仁树。

或许人类眼睛的视角是与观察习惯相关的，比如内蒙古大草原的牧民长期极目四方，所以能看到百余里外的马匹和高空盘旋的鹰隼，这些在我们城市人群看来简直有如“神功”；反之，如果用电脑时间长了，视线范围习惯停留在十几寸方圆内，常常对周围的人和事视若无睹，久而久之便得上了“冷漠”病。这种可怕的信息时代“冷漠”病，很多人都不知道怎么得上的。更极端一点，有人研究，如果成天对着智能手机刷屏幕，人的视线范围可能就缩小到几寸，严重者连最亲近的家人都变得“透明”。这些研究有没有科学依据我不知道，不过，我发现杜英花的时候，我敢确定，人真的有自己的习惯视线，而且天地真的很宽。

夹竹桃

小时候听过一个故事。古时候有个人对另一人怀恨已久，又不好明着下手，就以请客为名，在夹竹桃树下饮酒，叶影参差，花影迷离，酒醉耳酣，然而赴宴者回去不久便中毒身亡。据说，夹竹桃与断肠草、鹤顶红、见血封喉等并列古代十大毒药。故事扑朔诡异，我也记住了“夹竹桃”这个名字，只是一直没见到过这种树，更没见过它的花，只能想象，这么美又这么毒的夹竹桃会长成什么样呢？

到了深圳后发现，前庭后院、走廊行道随处可见一种仿佛常年都在开花的树。花繁叶茂，灼灼华华，花朵最常见粉红色，也有白色和黄色。一看树上挂的牌子——夹竹桃。

夹竹桃在我国栽培历史悠久。古人说，“夹竹桃，假竹桃也，其叶似竹，其花似桃，实又非竹非桃，故名”。细看之下，树叶狭长，透着一股清秀气，颇像竹叶或柳叶；粉红花风流娇美，形貌气质确与桃花相似。白花花型也像桃花，据查是后期人工培植而成。黄花则略呈喇叭形，是原产于南美洲、中美洲及印度的一个特殊品种。

1 粉红夹竹桃，中国在线植物志标注其正名为“欧洲夹竹桃”（*Nerium oleander* L.），夹竹桃科夹竹桃树属直立大灌木。花朵有单瓣，也有重瓣。2014 年 4 月摄于深圳市南山区桃源村。

2 黄花夹竹桃（*Thevetia peruviana* [Pers.] K. Schum.）。2014 年 4 月摄于深圳大学城。

3 开橙色花的夹竹桃比较少见。2014 年 5 月摄于深圳大学城。

1
2
3

一天，朋友兴冲冲地约我去看一种花，说早晨开车经过时被“惊艳”到了，树上地上花瓣飞舞，卷起千层浪。我们俩跑到“事发现场”一看，原来是夹竹桃。这时，一对青年男女正带着婴儿在花间树荫下野餐。微风带过，落英缤纷。夹竹桃花粉会不会落到他们的餐盒里？小时候听过的故事再次浮现。顾不了那么多了，冲上前去便好言相劝。青年男女短暂的惊诧后，抱起婴儿，收拾餐具，十分感激地离开了。

我又感到有点抱歉，刚才是不是有点过于大惊小怪了，要是夹竹桃没那么厉害，我可就破坏了人家美好的野餐。朋友宽慰我说，不管是不是真的有毒，你是善意的。

后来，我无意中看到了一则新闻，印证了夹竹桃之毒。有人在动物园用夹竹桃枝叶喂草泥马（羊驼），结果把草泥马毒死了。又有报道说，夹竹桃是剧毒植物，3 克干燥的夹竹桃就能致人死亡。我倒吸一口凉气，夹竹桃果然至美至毒啊。

小区里有不少夹竹桃，开花时非常漂亮，小孩们都爱去摘花玩，我又免不了一顿劝说，看看即可，不可攀折。一天我女儿问，为什么夹竹桃有毒人们还种了这么多啊？你看哪里都是夹竹桃，一片一片的。我想了想说，大概任何事物都有两面，夹竹桃是很好的景观植物，又有净化空气、保护环境的能力，它的毒性甚至还可以做药。五岁的女儿似懂非懂，摸摸我的脑袋说，你是不是中毒啦，说了半天全是赞美的话。

夹竹桃美艳，夭夭灼灼，你能不中它的毒吗？

洋紫荆

秋冬，北方草木摇落，深港一带却花事正盛，随处可见一树树娇艳的紫红，风姿绰约，浓烈烂漫。刚从北京来到南国时，当地人告诉我，那是紫荆花。紫荆花不是清华的校花吗？清华校花是团簇状的，春季开放。这种花怎么也叫紫荆花？后来才知，紫荆分南北。北方紫荆在中国古代诗歌中常被用来比拟亲情、团结。清华大学中文系徐葆耕教授《紫荆解颐》也点出，清华校花紫荆花为“先锋之花”、“团队之花”。南方紫荆全然是另外一种气质，它花瓣五分，大而艳丽，树叶翠绿，形似羊蹄，枝条繁茂，热烈张狂。香港选其为市花，称之“洋紫荆”。

带个“洋”字，是不是代表这是舶来品呢？据史料，洋紫荆是地道的香港品种，可能是洋人发现才叫“洋紫荆”。香港绿化、园境及树木管理督导委员会网站“香港市花洋紫荊的故事”一文中写，香港植物及林务部在1903年的年报中首次提及这个品种，报告中写道，“洋紫荆约在20至30年前在摩星岭的树林中被发现，发现者把它从那里引入薄扶林疗养院的花园，其后再引进到植物公园”。1908年，植物及林务部的监督邓恩先生在《植物学报》正式辨认其为新品种，

浓烈烂漫的洋紫荆。洋紫荆（*Bauhinia blakeana Dunn*），豆科羊蹄甲属乔木。2013 年 12 月摄于深圳大学城。

并在文中注明，“洋紫荆得以保存，实有赖薄扶林巴黎外方传教会神父们的功劳。他们由靠近海边一房子的颓垣中发现了它”。1965年，洋紫荆被选为香港市花，并在千禧植树计划中大量种植。

“洋人发现洋紫荆”的故事在文学家的笔下就更具有传奇色彩了。台湾作家龙应台在《我爱艳紫荆》中写道，“一个法国传教士在薄扶林的海边，发现了一株酷似洋蹄甲和洋紫荆，但是比羊蹄甲还高傲、比洋紫荆还浓艳的树，岛上唯一的一株人们不曾见过、没有名字的美得离奇的树。可能是海水不经意的吹袭，老鹰偶然的停顿，野猴无聊时胡乱的插枝，台风呼啸而过时甩下的断枝残果，一个美的新品种、新品牌，静悄悄地从地面抽出，在阳光和海风里，盈盈挺立在面海的山头上”。

这里又冒出来一个新名词“艳紫荆”。台湾研究院数位典藏资源网上的信息把香港市花称为“艳紫荆”，并认为艳紫荆是洋紫荆和羊蹄甲的天然杂交品种。这里让人产生一个疑惑——香港市花也许不是洋紫荆，只是与洋紫荆、羊蹄甲很相似。再回到自然中仔细观察，会发现确实存在差别。虽然树形、叶形、花型相似，但花色有粉红、紫红之分，甚至有的发白，开花季节也不尽相同。那么，它们是同一种植物的不同“款式”呢，还是不同的植物？

据《中国植物志》，“洋紫荆”为豆科紫荆族羊蹄甲属，而羊蹄甲属有9个下级分类，与洋紫荆并列的还有红花羊蹄甲、白花羊蹄甲、羊蹄甲等。羊蹄甲、洋紫荆、红花羊蹄甲并列为我国南方常见的三种

1
—
2

1 香港市花“紫荆花”。2013 年 12 月摄于深圳大学城。

2 羊蹄甲属植物的典型特点，树叶呈羊蹄形。2013 年 11 月摄于深圳大学城。

不同的植物，这三种植物较为相似，叶片都呈“羊蹄”形，不易区别，其主要区别为羊蹄甲花后能结果，而洋紫荆和红花羊蹄甲通常不结果。比照香港绿化、园境及树木管理督导委员会网站上香港市花的颜色和形状，香港市花与“红花羊蹄甲”相似度最高。

至于，传教士最先发现的“洋紫荆”是不是就是《中国植物志》上的“红花羊蹄甲”或台湾所说的“艳紫荆”？香港政府网站上所标注的“洋紫荆”名称在植物学上是不是不够严谨？这些问题还是留给植物学家们去研究吧。然而，文献再专业，也不如百姓口中常说的来得更直接、更易传播，更承载着某种期待。“洋紫荆”隐含着香港这座城市的特质，它就像一个奇迹，横空出世，东西交融，闪耀着传奇的光环。

洋紫荆不仅是香港的传奇，也与清华有缘。2001 年，清华大学与深圳市携手办学，深圳研究生院应运而生，立志于科技创新和高等教育模式创新。清华紫荆的种子在南国生根发芽。虽然在南国校园看不到北方团簇的紫荆花，但每当秋冬深圳紫荆绽放时，因为同名的缘故，深圳清华人总要多一些对母校的牵挂，对这种南方的紫荆花也有着更多的留意和思考。

1
—
2

1 美丽的洋紫荆。2013 年 12 月摄于深圳大学城。

2 洋紫荆盛开的季节，满树花开，遍地落英，南国成了“温柔乡”。2014 年 12 月摄于深圳大学城。

紫苏

紫苏这个名字听起来就很美，是一种古老的香草。最早尝到紫苏，是饭店里的紫苏鱼汤。可当初我并不知道紫苏能直接作为配菜食用，以为仅仅是像葱姜蒜一样的调味料，也没太在意。后来在广东时间长了，什么也都敢吃了，就毫不在乎地吃起这种草本调料来。孰料大吃一惊，原来香味这么奇特。后来我就喜欢上了紫苏蒸鱼、紫苏鱼汤、紫苏煎黄瓜、紫苏煎土豆……

中国人吃一种什么菜，不仅要可口，总还希望了解它有什么养生功效。我也不免俗，便查了查紫苏的功效，查完我就更喜欢紫苏了。紫苏可供药用和香料用，紫苏叶可以发汗、镇咳、健胃、利尿、镇痛、镇静、解毒、治感冒，尤其对因鱼蟹中毒导致的腹痛呕吐有奇效。《药性本草》记载，紫苏"以叶生食作羹，杀一切鱼肉毒"。这么好吃的香草，还有这么多功效，真是令我大喜。从此以后，家里人要是感冒了，或者胃口不好了，我就做紫苏鱼汤。草药的作用也许没有西药见效快，但家里这份浓浓的亲情和关切却通过紫苏香味表达无遗。有时候我也想，现代科技的发展往往让我们变得盲目而自负，忽略了从大自然中寻找最本真的生活方式，这是不是一种舍近求远呢？

紫苏于我不仅是美味的享受和哲学的思辨，我还成功地从山野中发现了一大丛野紫苏，并移栽了几株到我家阳台菜园。紫苏长得有点像红苋菜，也有点像观赏植物彩叶草，但仔细辨别的话，会发现紫苏的叶片和茎是毛糙不光滑的，红苋菜是光滑的，彩叶草不光滑，但彩叶草叶片的纹路和色彩还是和紫苏不一样。

说到这里，想起有人问过我一个问题——你怎么能认识这些草的？或者，你怎么区分得出这些草的？就像另外一个人说的，一眼望去，这些草都长得差不多啊。是啊，芸芸众生，我是怎么寻觅到它们的呢？我想到了一个有趣的现象，我们往往看外国人会觉得他们都长一样。据说外国人对我们亚洲人也有这种感觉，有个笑话说，God got lazy when creating the Asians。试想，那些香草野菜们会不会也悄悄议论，“人类都长得一样啊！”后来我看到了一则有关王阳明的故事，觉得有点意思。弟子问王阳明道之精粗，王阳明说，道无精粗。比如一间房，人刚刚进来的时候，只见一个大概，处久了便注意到了柱子、墙壁之类，一一看得明白了，时间再久，如果柱子上有些文藻，也都看出来了，然而从头到尾这也只是同一间房。

紫苏（*Perilla frutescens* [L.] Britt. ），唇形科紫苏属一年生直立草本植物。2014 年 5 月摄于深圳市南山区桃源村。

绶草

绶草，我第一次遇见你的时候就被你的可爱样子迷住了，你像一柄有着精致碧绿握把和整齐洁白刷毛的小牙刷，藏在校园草地的大石头旁，一般人很难发现，但我还是有幸与你碰面了。我还偶然从一本不起眼的植物书籍中知道了你叫“绶草”，是最小型的兰科植物之一。原来是兰花，怪不得流露出一种清新脱俗的气息。你家族的其他成员一般开粉花、紫花，像你这样开白花的绶草还是深港一带的特有品种，非常罕见。能与你认识，也算是难得中的难得了。

你瘦瘦小小，却是很厉害的药草。中医认为你有益气养阴、清热解毒的功效，现代医学证明你是一种疗效很好的抗癌药物，你甚至还是藏药、蒙药、苗药、侗药、土家药中的一味猛料。幸亏现在的人们对你没那么了解，要不然在人们贪婪而膨胀的欲望下，你早就躲无可躲，被人挖去扔锅里煮了补身子去了。可惜的是，即便在这清净的校园没人了解你，你居然也没能摆脱一劫。

那次，经历了一晚上的狂风暴雨，我一早就急匆匆跑去看你，令我欣喜的是你还是好好的。我趴到草地里仔细看，你小小的白花还挂着晶莹的雨露。后来，校园里总有三三两两的妇女在做环卫绿化。我蹲在附近徘徊很久，担心她们把你当杂草拔了。一个校卫队的小伙子经过，他停下自行车问我，这草很好看吗？我说，是啊。他说，我老家也有。我说，可我担心环卫绿化工人把它拔掉。小伙子说，你去问一声看她们拔不拔不就行了？我就去问了。阿姨们说她们不管这块地，上头没安排。我才放心走了。

可是有一天，不想发生的事情还是发生了。随着割草机的嗡嗡声，一股青草香传来。我心中大呼不好，飞奔出去。去晚了，草地已经一片平坦，就像一张刚洗晒过的毛毯，干干净净。绶草，我站在你曾经站着的地方，想了很多问题。

大约三月份，另外一种小型兰科植物——线柱兰，也遭遇了和你同样的命运。还有堇菜花，也在割草机的刀片下一朵不留。我们真的需要这么整齐的草坪吗？还有多少花草在定时除草时丧生？外来草皮大肆入侵，本土野生花草还有立足之地吗？狂风暴雨的破坏力，哪及人类破坏力之一二？

校卫队的小伙子又来了，他问我，还是割掉啦？我沮丧地点头。小伙子说，只要割草机没有割到草根，第二年它们该回来的时候还会回来的。我看看小伙子，他一脸真诚。

1
—
2

1 绶草（*Spiranthes sinensis* [Pers.] Ames），兰科绶草属植物。造型迷你，十分可爱。2014 年 4 月摄于深圳大学城。

2 线柱兰（*Zeuxine strateumatica* [L.] Schltr.），兰科线柱兰属植物。造型迷你而精致。2014 年 3 月摄于深圳大学城。

绶草你知道吗？我宁愿相信小伙子的话。我相信野花野草骨子里一定是永不屈服的。我现在满心期待，期待你强健的根深埋土中，经过一个漫长的潜伏，重新萌发。该回来的时候，你会回来的，是吗?

红杂菜

我家阳台菜园的红杂菜有好几株，其中一株很早就来了，只是我一直没太关注它，那是小区里一位大妈离开深圳时送给我妈的，说能治很多病，吃了强身健体，有百益而无一害。大妈热情而好心，但说得那么神，我反倒不信了。没想到这红杂菜长势特别好，特别会发嫩头，很快就蓬蓬松松一大丛了。我妈剪了嫩头下来，问我们吃不吃，没有一个人响应。我捏起一根看了看，叶片似乎又老又干，估摸着不会好吃，也就没理会。过了几天，那些嫩头蔫了，就被扔了。

事情突然转折。有一天，我妈凉拌了一盘小菜，招呼大家尝尝，问我们好不好吃，是不是有些像江南老家的凉拌马兰头。我一尝，味道比马兰头寡淡，但那种野菜粗糙的口感还是颇有几分像的，不禁问这是什么新菜。我妈说，这就是我们阳台上的红杂菜，你们知道吗？今天在超市里看见有卖的，在冷柜里当高级菜卖，二十几块钱一斤呢！上次我们还不知道珍惜，白白浪费了。二十几块钱一斤的高档菜？！再夹一口尝尝，果然味道更好了，鲜而不腻，粗而不糙，入口清淡，回味甘甜，好菜！

从那以后，我就正眼看这个红杂菜了。一天，我妈告诉我，在附近荒地的杂草丛中发现了几处红杂菜。我一听来了兴致，当即就和我妈提着工具出门，挖了几丛回来。野生的红杂菜真的很红，就像香山红叶那么红，也很瘦很硬。在家里养了一阵子，绿色渐渐上来，几乎和红色平分秋色了，叶片也软和多了，就像野丫头经过礼仪的调教，渐渐像个淑女了。后来我们又吃了几次红杂菜，剪其嫩头，开水焯一下，滴入橄榄油，加细盐、味精凉拌，其美味自不必说了。然而每次吃起，也总要将上次暴殄天物的陈年旧事拿出来取笑一番，我和我妈再将去山里面寻野菜的“英雄事迹”拿出来光荣一番。小小的红杂菜，竟带给我们这么多乐趣。

说了半天还不知道红杂菜是什么。如果百度“红杂菜”，只会搜索到“猪红杂菜汤”，和红杂菜没半点关系。不过，凭着我对花花草草的喜爱和相关知识的积累，我大致判断其为“枸杞”的一种，最终被我查到它叫“红叶枸杞”，顺着“红叶枸杞”查下去，竟查出它还叫“台湾西洋菜”、“日本西洋菜”，可我认为它的形态特征和我熟识的西洋菜还是有很大差别的。为了搞清楚它到底是什么植物，我查了《中国植物志》的网络数据库，结果无论输入“红叶枸杞”，还是“台湾西洋菜”、“日本西洋菜”，均无收录。查“西洋菜”，出来的图谱也一概不是这个红杂菜。转了一圈，干脆还是叫它“红杂菜”吧，这名字接地气，充满生活气息。

对了，我最近还学了一手新式做法，用开水焯时放入一片新鲜柠檬，则凉拌红杂菜的色泽口感更上一层楼。别看红杂菜气质很乡土，柠檬这么洋气的水果竟然作为红杂菜的配料了，真有趣啊。

我和母亲从野外挖回家种植的红杂菜。2014 年 4 月摄。

水蒲桃

去年五月，我抱着一包自己也是第一次见的水果上京，坐的是飞机，其他行李都托运了，唯独这包用两层塑料袋包着的水果，我抱了一路。飞机晚点，到北京已是半夜，挨到第二天，见了深圳研究生院在清华大学驻校办的同事。我像献宝似的，小心打开已被旅途折腾得皱巴巴的塑料袋。他们凑过来看，异口同声问这是什么。水蒲桃，我回答。

这包水蒲桃是上飞机前在深圳大学城校园里摘的。五月正是水蒲桃开始成熟的季节，树上挂满了像铃铛、像小灯笼的果实。有的已经长得太熟，扑通扑通掉下来。地上铺了一层烂熟的果子，散发着浓烈的玫瑰花香。可大多数人并不认识那是什么果子，更不知道它可以吃，往往也就熟视无睹了。说来也奇怪，我在深圳大学城里呆了好几年，竟然一直没注意到有水蒲桃树。直到去年，两个广东籍同事摘了一大捧边吃边玩，正巧被我撞见了，才知道这是“水蒲桃”，可以吃。

果子有核桃那么大，尾部四瓣粉绿的花萼，果皮光滑，浅青黄

1
—
2

1 成熟的水蒲桃挂在枝头。水蒲桃，中国在线植物志（eFlora）标注其正名为“洋蒲桃”（*Syzygium samarangense* [*Blume*] Merr. et Perry），桃金娘科蒲桃属乔木。春天开花，五六月份果实成熟。2014 年 5 月摄于深圳大学城。

2 水蒲桃成熟的季节，树下草地上铺了一层烂熟的果子，远远就能闻到一阵玫瑰花香。2014 年 6 月摄于深圳大学城。

色，有些地方微泛浅褐。拿起来很轻，摇起来咕咕响，里面是空心的，闻起来有一股玫瑰花香。咬一小口，果肉像薄海绵，有点甜。既然是水果，为何不见有卖？有人告诉我，水蒲桃长相不够靓，没什么肉，又是一季就过去的果子，也就广东仔自己吃着玩儿，不当回事儿的。不过在我看来，水蒲桃虽然并不算好吃，但很独特，有一种岭南特有的热情而粗朴的味儿。

即将出差赴京，不如把这南国最当季的果味儿带给北京同事尝尝，岂不是一桩美事？我当即便约了几个同事，直奔广东同事所说的河边寻找水蒲桃，一下子就寻到了，可低矮处已经一个果子都没了，那些长得好的全在高处。我们又折返回去，找人借了一把梯子，把梯子扛到树下，俩人扶着，一人爬上去，终于摘到了水蒲桃。一会儿工夫就摘了几十个。我们一个个喜形于色，凯旋而归。

没想到水蒲桃极难保鲜，就算空运，带到北京也不鲜了，拿出来已然一个个垂头丧气、暗不溜秋的模样。不过北京的同事还是尝得很开心。南国的问候、两地的牵挂都在这小小的水蒲桃里了，味道怎样全凭内心的感受，就像北京同事来深圳，总要带来一些冬枣或者冰糖葫芦，我们也吃得不亦乐乎一样。

今春四月，水蒲桃花开了，墨绿的树叶间挂满了白中带绿的“雪绒球”。风一吹，细丝飘飘摇摇，像下丝雨。花丝落到池塘里，落得多了，便堆叠在一起，随着春水流淌，像质感鲜明的油画，线条杂乱又有一定章法，颇有些梵高的笔触，南国土地喷张的生命力跃然

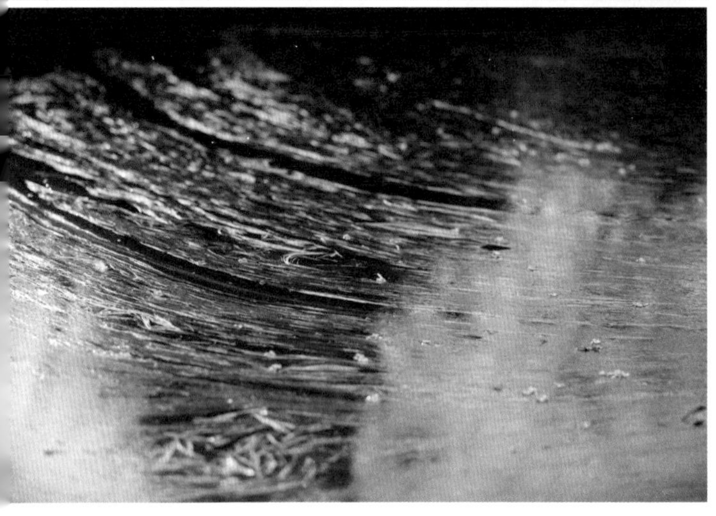

1 水蒲桃是“观蕊”花，雄蕊发达，丝丝缕缕，煞是可爱。2014 年 4 月摄于深圳大学城。

2 水蒲桃丝雨，落在石板上。2014 年 4 月摄于深圳大学城。

3 落在池塘中的水蒲桃丝雨，随春水流淌，堆叠成一幅“梵高油画”。2014 年 4 月摄于深圳大学城。

1
2
3

可见。

世人多歌颂桃李海棠，岭南这么美丽的花丝雨和清香的果实，却几乎从未见于诗文歌赋。也许是因为它花不艳丽，果不华贵，所以从来都“不当回事儿”。但我喜欢的就是它这一点，平凡清静，却特别接地气，这才是最踏实最妥帖的。

成熟的季节，可以顺手摘几个带给远方好友，真挚的朋友之间，全然可以“不当回事儿”，但其中的心意，互相最明白了。

蓝花楹

某次浏览从澳洲留学回来的同事的个人网页时，看到他在澳生活照中有一种开着紫色花的树，花开得极多极盛，树下厚厚一层落花，树上树下天上地下已分不清你我，只见满目的紫云紫雾，像童话，像梦境。

澳洲的凤凰花怎么是紫色的？开得这么奋不顾身的，我知道深圳有一种凤凰花，也是这样的大树，也是这样的羽状复叶，也是这么浓烈，只是凤凰花是亮眼的红，而这种花是梦幻的紫。同事研究的是数据挖掘，他不了解植物，无法回答我的问题。这神秘的紫敲打着我的好奇心，我在网上用最笨的方法查“紫色凤凰花”，出来各种图片，我一眼认出了这一树紫，点开一看——蓝花楹，紫葳科蓝花楹属落叶乔木。

很多人有过这样的体会：如果从未注意某样东西，可能一生无缘相见，但如果在某处认识了，竟发现生活中原来处处皆是。比如，原以为远在南半球的植物，我竟也有缘在深圳遇到了。先是在居住的小区里发现了三棵，后来又在某高架桥下的绿化带发现了一棵。也许是水土不够肥沃，花开得稀稀疏疏的。虽然没有澳洲照片上那种紫气弥漫的宏大气势，倒是颇为清秀可人。

我站在蓝花楹树下，久久地抬头看着树顶上那些花儿。花开得稀疏，让我看到的不再是“一大片”的紫色，而能够仔细注意到“一个个”的花儿。筒状的花，像一个个小铃铛。如果这些小铃铛能响，那一定是八音盒那种声音。

三三两两有人走过，有人发现我的“异样”，顺着我的目光，他们像发现了飞碟似的，随即拿出手机，一边咔嚓几张，一边喃喃自语：“咦，这树也不是新栽的，怎么以前没发现还开花呢？”

是啊，我以前也没注意呢，可它其实一直在我们身边。人对周围事物的认知是不是很奇怪？这样想来，我们平时所见的、所闻的是不是仅仅是盲人摸象呢？何谓真实又何谓梦？我问蓝花楹，蓝花楹不言不语。

我拍了照片发到互联网社交圈。一位也在澳洲生活过的朋友跟我说，这花在澳洲很多，秋天（南半球的秋天正好是我们北半球的春天）开花，澳洲天很蓝，成片的紫在蓝天下特别特别梦幻。朋友说着这些的时候，眼神变得很迷离，语气放得很轻柔，仿佛下一秒她就要飞到天上去似的。也许她的灵魂早就飞到梦幻的童话场景中去了。

如果等到五六月份，伴随着海洋性气候带来的季风，深圳的天也

阳光中的蓝花楹。蓝花楹（*Jacaranda mimosifolia* D. Don），紫葳科蓝花楹属落叶乔木。2014 年 4 月摄于深圳市南山区。

会越来越蓝，那时候还有没有蓝花楹呢？驻足树下，抬头半晌，我看到许多花蕾正在滋滋地萌发。阳光洒过，它们一朵朵绽放。花儿越来越多，一串串、一团团的紫色，浓得散不开，晕染到蓝的天、白的云里，在南海边编织了一个蓝紫色的梦境。

也许蓝花楹本来就是梦幻的化身吧。

吊灯花

第一次见到吊灯花就被它诡谲的气氛惊到后退三分。

高大浓密几乎看不出有任何异样的树，不知从哪儿垂下一条条长约一米的“藤”，藤上悬着一个个裹紧的花骨朵，上面布满经络般的线纹。低头一看，树下三三两两的落花，钟形花朵，花瓣厚实，颜色暗红，像即将干涸的血。不知哪里飞来的几只苍蝇，正在暗红中流连。

惊悚，却难忘，难以克制对它的好奇。翻阅了几本图谱，终于查到，这是原产于非洲的吊灯树，紫葳科吊灯树属植物，春夏开花，秋季果实成熟。因为果实像一个个瓜吊在树上，又叫吊瓜树。回忆起来，我似乎见过树上挂着的吊瓜，只觉得憨敦可爱，远不如吊灯花给我的惊悚印象深刻。

我见到的吊灯树就长在我工作的学校篮球场东侧。有文章说，吊灯树只在晚上开花，如果要看它的花，需要在太阳落山后静静地在树下等待，甚至带上手电筒，等周围一切都黑暗、寂静以后，才能见到

1 吊灯花一般夜里开花，我在一个阴天拍到了白天开着的吊灯花。2015 年 4 月摄于深圳大学城。

2 吊灯树的木质果实。曾有学生捡到后甚为好奇，全班同学聚在一起探讨这是什么果实、能不能吃，讨论半天没有人认识，劈开一看，里面像木头一样，根本没法吃。2015 年 12 月摄于深圳大学城。

3 吊灯树（*Kigelia africana* [Lam.] Benth.），紫葳科吊灯树属乔木。2015 年 12 月摄于深圳大学城。

1
2
3

它殷红如血的花朵一点点绽开。我白天去看过几次，果真都如第一次见到的一样，藤上那些都在沉睡着，落下的那些反倒绽放着，像是半夜里发生过惊心动魄的一幕。

半夜里确实发生过令人难以置信的事。据研究，吊灯花长在垂直悬挂的长长花序上，只在黑暗中开放，为的是方便蝙蝠夜间来传粉。除了蝙蝠，吊灯花近似腐烂的气息还吸引夜间的飞蛾、蚊蝇。当蝙蝠为它授粉完毕，吊灯花也完成了自己的使命，于是果断选择了坠落。我们白天看到的沉睡般的平静，竟是夜间一番活色生香的结果。

蝙蝠这类元素的介入，让吊灯花的惊悚指数又增加了三分。然而植物学家却认为，这正是植物的智慧。大自然的造化真是神奇，不知在很久很久以前遥远的非洲，吊灯树是在什么样的情况下进化成这种性格的？是无法与白天盛放的其他花朵媲美而产生的计策，还是骨子里本来就有一种黑暗英雄的情结？

无论怎样，当我对黑夜里绽放的吊灯花多了一层了解后，我不会简单地根据表面现象对它做出诸如吸血鬼这样的判断了，它更像是为了某种伟大的使命而在阴暗中隐忍的高手，看似冷艳狠绝、不近人情，却一切都在它掌控中。只是，不知道黑暗中的它，是否曾感到过孤独。

鸡蛋花

透亮的高脚杯盛上半杯清水，捡两朵刚落的鸡蛋花放入水中，阳光透过白纱窗照进来，杯中波光灵动，素雅香氛淡淡逸出。若是午后，伴着这样的花香，翻开一本氤氲绿色封皮的书，可以穿越到旧时光中去。

时光回到十五世纪，当时欧洲刚刚开始流行使用香水，一位叫Marquis Frangipani的意大利人极有天赋，他调制发明的香水风靡一时。十五世纪末，第一批探险者到达美洲大陆，当他们第一次嗅到鸡蛋花的花香时，立即想起了Frangipani调制的一款香水，于是就给鸡蛋花取名为Frangipani。直到现在，很多西方国家仍然习惯把鸡蛋花叫做Frangipani，Frangipani也仍然是世界香水界中著名品牌之一。

鸡蛋花原产于西印度群岛和美洲，学名*Plumeria rubra* L. cv. Acutifolia，取自于十七世纪一位法国植物学家Charles Plumier的名字，是这位植物学家首先对鸡蛋花进行了系统的分类。据资料记载，鸡蛋花最原始的品种是红花鸡蛋花，后经园艺培植，又有了黄鸡蛋花、白鸡蛋花、鲜红鸡蛋花、暗红鸡蛋花等。无论何种颜色，鸡蛋花的五片叠旋花瓣的中心部分总是淡淡的黄色。白色鸡蛋花最像鸡蛋，幼白的蛋白，嫩黄的蛋黄，也许这也是它叫做鸡蛋花的原因。在所有的分类中，白色鸡蛋花的香味也是最浓的。鸡蛋花开过后，会结出长长的圆柱形蓇葖果，像羊角一样向两边支棱着。到了秋冬季，鸡蛋花叶片落尽，光秃秃的枝干像一个个“光棍”，也像鹿角。

鸡蛋花香十分迷人，人们对它的解读亦十分复杂。在东南亚，人们认为鸡蛋花香宁静柔和，充满着温柔的女性气息，又牵引着隐秘的宗教哲思，佛教寺院将其定为“五树六花”之一，妇女也喜欢将鸡蛋花别在耳鬓。在太平洋上的夏威夷，岛上居民有佩戴鸡蛋花串成的花环载歌载舞的习俗，鸡蛋花香又与热情奔放完美融合。在远东地区，人们却对鸡蛋花有几分敬畏，认为白色鸡蛋花是“死亡之花”，它在夜晚散发的香味预示着吸血鬼即将到来。

相比而言，中国人非常实用主义，在广东一带，鸡蛋花树作为观赏价值和熏香价值很高的植物，在公园、庭院中广泛种植。晒干后的鸡蛋花是广东凉茶中的一味原料。有的地方还用鸡蛋花来做菜，或者提取其植物香精做成鸡蛋花口味的糕点。

对我而言，鸡蛋花香不在舌尖，我始终难以接受把这样素馨的花朵放到油盐酱醋中去烹饪。

我喜欢从四月份一直到十一月份，随便哪天都可以，清晨去捡两朵落花，调制一份我自己的 Frangipani，把它摆在案头，午后翻一本旧书，静静地读一读有关植物的故事，就感觉非常美好了。

1
—
2

1 鸡蛋花（*Plumeria rubra* L. cv. Acutifolia），夹竹桃科鸡蛋花属落叶小乔木。常见的白花鸡蛋花花瓣外围乳白色、中心鲜黄色，非常清香。2015 年 5 月摄于深圳大学城。

2 红花鸡蛋花。2013 年 6 月摄于深圳大学城。

1
—
2

1 鸡蛋花的蓇葖果。2014 年 12 月摄于深圳大学城。

2 深圳每年七八月份是鸡蛋花开得最好的时候。2014 年 7 月摄于深圳大学城。

美丽异木棉

一名刚来深圳的新同事问我，办公楼下那棵浑身长满尖刺的树是什么树？他一问我便知他问的是美丽异木棉，原产于南美洲的阿根廷，属木棉科植物，俗名“美人树”。同事很惊讶，这般狰狞居然敢称“美人”？我告诉他，别看这树浑身长刺，夏末秋初开花非常好看，是名符其实的美人。同事叹息说，这“美人”可不好接近啊。

美人树看上去的确不好接近，它的树干上长满圆锥形尖刺，底部约一粒围棋大小，稳稳地扎根于树干上，尖刺三五厘米长，毫不留情地向外张扬，一副拒人于千里之外的高度防备模样。正如带刺的玫瑰，在植物学看来，这是美人树为了防止被动物啃食而采取的策略，要说起来，这也是植物进化过程中的一出“美人心计”。

若要掀开伪装得知它的真心，可以等到夏秋交替时。那时，美人树树叶全部凋落，满树粉红花朵明艳艳地绽放，全然无遮无挡。经历过爱情的人会明白，那是一种什么样的纯粹，能够让自己爱到倾己所有、毫无保留的地步。要说这里面尚存的一点点“心计”，那就是它在开花前让树叶全都落尽了，唯有这样，它才能拥有最足够的养分，

1
—
2

1 树干上长满了圆锥形尖刺的美丽异木棉。美丽异木棉（*Ceiba insignis* [Kunth] P. E. Gibbs et Semir），木棉科吉贝属落叶乔木。2014 年 4 月摄于深圳大学城。

2 美丽异木棉明艳动人的粉红色花。2013 年 10 月摄于深圳大学城。

和盘托出最艳丽的花朵，心无杂念地表露自己所有的心迹。

我想，如果美人树也像其他一些树一样，是由传说中男女的生死情爱化身而来，那么，化身美人树的一定是初经恋爱的少女，她那青涩的伪装、纯彻的感情，无不表明她还没有世俗地懂得如何不动声色地保护自己、拿捏对方。

据说，随着树龄的增长，美人树树干上那些尖刺也会慢慢变钝，直至消损、褪去。如果真是这样，那么，是不是经历了一番悲欢离合、世事变迁之后，少女渐渐变得成熟了呢？从青涩走向成熟的感觉是复杂的。有人说，当她开始变得圆通，就永远失去了她的少女时光，就再也难以称得上可爱了。每一个女人终究会失去自己的少女时光，是么？这样的时光永远是一去不复返了，是么？想到此，难免令人有些伤感和失落。

然而，即便那些老得掉光了尖刺的美人树，开花时依然是那么无遮无挡、奋不顾身，这似乎又给人一种失而复得的宽慰。纯粹的爱情还在，少女心还在。“心计”不在了，心却一直没变。所以，又有人说，真正的成熟并不是学会八面玲珑，而是内心清楚自己应该坚持什么并且有能力去坚持。一个有内心坚持的美人，无论她有没有“浑身长刺”，你若是不懂她，始终是“不好接近”的，不是吗？

黄槐

在我的校园里，有一条大约百米长的路，路一侧全都是黄槐。黄槐在夏初和秋末开花两季。黄槐开花时，无论晴雨，这条路就像洒满了明亮的阳光。

对，明亮的阳光，就这样形容。我曾试图用类比的方法来描述黄槐的黄，比如江西婺源的油菜花，同样是鲜明的黄色，然而两者“质感”却非常不同，油菜花的黄密不透风、美到窒息，黄槐则清新得多。那么梵高的画呢？梵高画画喜欢用黄色，如《向日葵》、《开花的树》。可若是仔细读梵高的画，会感受到那是内心郁积后喷薄而出的色彩，热烈浓郁却矛盾重重。黄槐不同，它是单纯的。

清新单纯，干脆叫它“明亮的阳光”好了。巧的是，在英文中，有时也叫黄槐“sunshine tree”，意为“阳光一样的树”。

记得多年以前，因为经常接触美术学院的学生，受到他们的艺术熏陶，我也开始尝试着学一些绘画，尤其喜欢西洋画中的粉画、油

1
—
2

1 校园中有一条两边种着黄槐的路。黄槐，中国在线植物志（eFlora）标注其正名为“黄槐决明”（*Senna surattensis* [N. L. Burman] H. S. Irwin & Barneby），苏木科决明属灌木或小乔木。2014年5月摄于深圳大学城。

2 黄槐花朵细节。2015年12月摄于深圳大学城。

画。闲时，我就跑到美院学生的工作室，搬张凳子坐在旁边看他们画。某次，我用粉棒临摹了一些插花、水果等静物。美术学院一名教授，也是我的老朋友，他看到了就跟我说，你怎么喜欢用粉棒？你看这粉画糊里糊涂的，粉末碎渣都浮着，像你这样的女孩子，应该是用水彩的，水彩是清晰的，透过纸背的。我说，那么，油画呢？朋友皱皱眉头说，老气。

当时我不太懂，觉得朋友也没说清，打击我学绘画的热情。绘画为何一定要清晰透亮？还有人搞混沌艺术呢。不管他，反正搞艺术的人说的话总是让人难懂，像捉摸不透的情绪。

后来，我站在黄槐树下，看着像明亮如阳光的黄花，时光奇妙组合，又想起了当年美院老朋友的这番话，就像天意，我突然捕捉到了他的当时那一丝情绪——他原本就不是在说绘画，他在说他的心愿。在他的心中，年轻的女孩子应该是清新单纯、清澈透亮的，就像清晨一道明亮的阳光。

那时的我，就是这么明亮亮的吧，可我自己并不清楚，也不以为然。可不是吗？年轻时总想把自己装得成熟一些，可时光真过去了，又觉得那时的幼稚都美好得心颤。拉开时间和距离，我却看到了我。

下课时分，三三两两的学生从这条明亮的道路走过，留下青春的背影。我想，如果要画下来，我会用明亮的水彩的。

年过五旬的老朋友心底里也藏着这样一份明亮色彩的吧，要不然，他怎么会在年轻朋友身上有如此期许呢。

龙船花

从哪个角度看龙船花都不像一只龙船，它倒是像一只鲜艳浑圆的绣球，由无数小而密的十字形花朵团簇在一起组成。古时相传十字形咒符可以避邪去瘟，端午期间，划龙船的百姓把它与菖蒲、艾草一起插在龙船上，龙船疾驶时，船上的人和岸上的人互相抛花以求热闹吉祥，久而久之，这种花就叫龙船花了。

龙船花为茜草科龙船花属常绿灌木，原产于中国南部、缅甸和马来西亚，俗名“水绣球”，有红色、黄色和白色等，几乎常年开花，然而五六月份开得最热闹，一个个绣球缀满枝头，像赛龙舟紧张而欢快的鼓声。是啊，往年要到了这个时候，深圳大学城里该赛龙舟了。

那年五月，雨后初晴，有些闷热。隐约听到鼓点声，像是打雷，循声而去，赶到河边，人声、鼓声渐渐清晰。河边密密麻麻围了人，水里晃晃悠悠两条狭长的龙船，船上的水手们正在练习划桨。鼓点响起来，一二,一二……可水手们一个个手忙脚乱，只见船桨此起彼伏，完全不按照节奏。龙舟只在原地打转，就是不往前走。有的水手还做出一些滑稽动作，引得岸上吹哨声、笑声闹成一片。岸边的龙船花丛

1
—
2

1 龙船花（*Ixora chinensis* Lam.），茜草科龙船花属灌木。龙船花几乎全年开花，但在“龙舟水”期间花开最盛。2014年5月摄于深圳大学城。

2 一团团的龙船花，像一只只绣球。2014年5月摄于深圳大学城。

中，几个打着太阳伞的女孩子又笑又气又急，在那里直跺脚。

龙舟赛得不伦不类，却让我想起了沈从文小说《边城》里的情景。湘西的雨季，湿漉漉的，河水涨得很高，小伙子们光着膀子在龙舟上卖力地表演，水中鸭子乱窜“搅局”，翠翠在岸边心不在焉地看着……此时，龙舟上的男生做出各种夸张的表演，也是为了故意引太阳伞下的“翠翠”笑的吧。看，“翠翠”笑了，“绣球”映红了她的脸。

后来不知从哪年开始，赛龙舟改成了赛艇。赛艇时尚轻快、赛制规范，可那气氛完全就是一场正经的体育赛事。赛艇虽好，我念念不忘的却还是龙船。时代发展太快，也许像赛龙舟这样传统的活动已经不赶趟了。然而我却认为，很多传统的事物看似简单粗朴，内里却蕴藏着巨大的丰富。

今年四五月雨水大，水位涨得很高，可惜校园河道的清淤排污工程尚未结束，什么赛事也举办不了。然而龙船花还是一如既往地热闹着，像是定格在我第一次看到赛龙舟的那一年了。龙船花也一直在等待着青年男女把它抛掷入怀的吧。

紫薇

炎炎夏日，春花褪尽，就连南国红极一时的凤凰花、火焰木也悄悄隐去，紫薇却正当开放。它艳丽无比、气场强大，“夏日逾秋序”，“长放半年花”，要开上整整夏秋两季。紫薇花色众多，有白花的银薇、红花的红薇，紫中带蓝的翠薇，而紫花的紫薇最常见。紫薇花瓣微褶，轻薄娇柔，清风带过，似仙女舞动，裙裾翩翩，正如清人刘灏所编《广群芳谱》中说，“每微风至，妖娇颤动，舞燕惊鸿未足为喻”。如此风流灵动，古人赞其为“高调客”，非一般之花。

紫薇的确不是一般的花。据台湾学者潘富俊所著《中国文学植物学》，紫薇通紫微，“紫微”指星座、皇帝之住所、官名，有时又指紫薇花。我最早知道紫微这个词是在《封神榜》里，西岐姬昌的长子伯邑考被纣王杀死并做成肉饼，伯邑考便是后来姜子牙封神榜上的“紫微星”。按照古代星相学，天宫星宿有“紫微垣”，以北极为中枢，乃天帝居所。在古人的信仰中，紫微代表着无上的尊贵。因为同音通字，紫薇花便也有了尊贵的象征，尤其以唐朝最为典型。

白居易诗曰，“丝纶阁下文章静，钟鼓楼中刻漏长。独坐黄昏谁是伴？紫薇花对紫微郎。”这首诗作于唐朝开元年间，当时中书省改名为紫微省，中书令就自然被称为紫微郎，因“微”与“薇”通，于是时人取其妙趣，在紫微省庭院中种植了不少紫薇花。中书省（紫微省）是设于皇宫内的全国政务中枢，此时白居易任职于紫薇省，仕途得意却平静不张扬。在一个宁静的傍晚，处理完手头的工作，闲步庭院，听着悠扬的暮鼓，对着美丽的紫薇花，吟诵了这样的佳句。同样在中书省任职的诗人杜牧也曾作诗吟诵紫薇，还得到了“杜紫薇”的雅号。

因为紫薇花与紫微的这层微妙关系，紫薇也被古人称为“官样花”，是权利和仕途的象征。然而，白居易却未能因为吟诵了紫薇花而一生官运亨通，他在中年时被贬为江州司马，在浔阳江畔又见到了紫薇花，世事沉浮，他不由发出一声叹息——“紫薇花对紫薇翁，名目虽同貌不同。独占芳菲当夏景，不将颜色托春风。浔阳官舍双高树，兴善僧庭一大丛。何似苏州安置处，花堂栏下月明中”。昔日意气风发的紫微郎，此时已是落魄潦倒的紫微翁，不堪回首。繁盛娇妍的紫薇花，反衬了失意惆怅的心情。

时光流转，故人已随滚滚烟尘去，而紫薇花依然在每个夏秋盛情绽放。经过历史的演变，紫薇花已经不是紫微省的专利，而广泛种植于普通庭院，甚至行道。今人徜徉于紫薇花旁，可遥想那时在花前读书的年轻男子是何等丰神俊朗，或体味经历世事变迁后在花下自怜的失意之人是何等唏嘘惆怅。一朵花的故事，往往是超乎想象的曲折丰富。植物于人，穿起了历史，连接了时光。

1 紫薇（*Lagerstroemia indica* L.），千屈菜科紫薇属落叶灌木或小乔木，在我国有1500多年栽培历史，花有几十种，常见的有红色、紫色和白色。2014年6月摄于深圳大学城。

2 大花紫薇（*Lagerstroemia speciosa*[L.]Pers.），千屈菜科紫薇属落叶大乔木。2015年6月摄于深圳大学城。

3 大花紫薇的红叶。2014年2月摄于深圳大学城。

1
—
2
—
3

紫薇树皮定期自行脱落，年老的不复生皮，树干新鲜光滑、神经敏感，据说用手轻触其树干，树会微微颤抖，所以又称“痒痒树”。我曾跑到一棵紫薇树前咯吱它，验证其是否真的会怕痒痒，结果大失所望。也许正好那棵树皮还没有脱落，所以还没那么敏感，也许我观察得不够仔细，不知道。下次经过紫薇树，别光顾着回味古人的紫薇诗歌，不妨再做个试验。

除了紫薇，深圳还常见大花紫薇，也是夏天盛开，花期很长。大花紫薇原产于菲律宾等热带地区，花大、叶宽、树高，树皮较紫薇黑、粗糙。

紫薇是落叶树，到了秋冬季节绿叶先变红，随后掉落。大花紫薇叶片变红后十分鲜艳醒目，为南方秋冬难得一见的“红叶”。

朱槿

朱槿在广东四季常有、随处可见，它大红花配大绿叶，开得热情奔放、毫不含蓄。广东人直接叫它“大红花”，不以为奇。

一次偶然的机会，得知朱槿又叫“扶桑花”，这令我大为惊讶。扶桑是中国古代神话中生长在日出之处的神树。《山海经·海外东经》中说:“旸谷上有扶桑，十日所浴，在黑齿北。”郭璞注:“扶桑，木也。”传说中的扶桑“树长者二千丈，大二千馀围”，是参天巨木。我不禁困惑，作为锦葵科木槿属常绿灌木或小乔木的朱槿，怎么可能与神话传说中的神树巨木相映重叠呢?

我国最早记录朱槿的是西晋时期嵇康的侄孙嵇含，他在《南方草木状》中这样写:“朱槿花，茎叶皆如桑，叶光而厚，树高止四五尺，而枝叶婆娑。自二月开花，至仲冬方歇。其花深红色，五出，大如蜀葵；有蕊一条，长于花叶，上缀金屑，日光所烁，疑若焰生。一丛之上，日开数百朵，朝开暮落……”从嵇含的描绘可以看出，朱槿与神话中的扶桑完全不同。但不知从什么时候起，朱槿就有了“扶桑”的别名。如宋代有诗云，“东方闻有扶桑木，南土今开朱槿花。想得分根自旸谷，至今犹带日精华”，认为朱槿花从《山海经》的“旸谷”分根而来，笼罩着神话色彩。

到了明朝，李时珍在《本草纲目》中解释，朱槿“花光艳照日，其叶似桑，因以比之。后人讹为佛桑，乃木槿别种，故日及诸名，亦与之同”，认为佛桑是后人误传。因“佛桑”与“扶桑”谐音，后来更是以讹传讹，朱槿便成了“扶桑”。

即便李时珍早已注明了朱槿来自扶桑神木属于讹传，后人依然愿意将朱槿与神话传说联系起来，比如认为“日开数百朵，朝开暮落”这一特点与太阳每日朝升暮落一致，与象征太阳升落的“扶桑”毫不违和。对于植物的理解，中国人向来充满了浪漫主义情怀。

虽然朱槿和神木扶桑最终没扯上“正经关系”，它却在1792年正经登上过世界著名而悠久的自然博物杂志、由英国皇家植物园出版发行的《植物学杂志》(*The Botanical Magazine*)，并被命名为Hibiscus rosa-sinensis。奇怪的是，名字中含有英文单词rose的变体，难道朱槿和玫瑰有什么联系？据维基百科，在十七世纪航海时代，欧洲人到中国初次接触到这款从未见过的植物，认为其复瓣花瓣的外观酷似玫瑰，故此命名。实际上，朱槿不仅有复瓣的，也有单瓣的，例如作为马来西亚国花的朱槿就是单瓣的。从欧洲人的命名，可以推断当时最早传入欧洲的中国朱槿是复瓣的。

有关朱槿的故事，似有附会，似有实证，然而真真假假都一并融

1 在深圳随处可见的单瓣朱槿。朱槿（*Hibiscus rosa-sinensis* L.），锦葵科木槿属常绿灌木。2014 年 6 月摄于深圳大学城。

2 复瓣朱槿。2014 年 6 月摄于深圳大学城。

3 开黄色花的朱槿。2014 年 7 月摄于深圳大梅沙。

1
—
2
—
3

进朱槿鲜红的光影中去了。这样不以为奇的大红花，在我看来，便也传奇了起来。我不禁惊叹，一朵看似普通的花，身上竟带有如此奇妙而众多的线索，阴差阳错地连接起了神话传说和现实生活，栩栩如生地复原了历史长河中的琐碎细节，精彩绝伦地闪回了中西文化碰撞的火花。

朱槿有多种颜色，以正红色最为典型，中国古代所谓的“朱槿”单指正红色品种，如今无论何色一概叫做“朱槿”。

黄金雨

端午假期去梅林山户外活动时，发现路边行道有一种这样的树，树高十余米，伞状树冠，叶少花多，一串串金黄色的花在六月的艳阳下闪着耀眼的光芒，令人微醺。一阵风吹过，无数细碎的花瓣落下，像密集的金色雨点。假期结束后回到学校，发现北京大学汇丰商学院西侧也有这种树。查询得知，它叫“黄金雨”。

黄金雨原产于喜马拉雅山东部或西部，唐朝传入中国，古书中称之为波斯皂荚、婆罗门皂荚，或者阿勃勒。黄金雨夏季开花，盛开时枝条上挂满金黄色的花串，成串垂下如风铃。当花瓣随风纷纷飘落时，宛如下一场金黄色的雨，因此得了“黄金雨”的美称，有时又叫金急雨，英文名 Golden Shower Tree。黄金雨结长长的荚果，荚果从当年结果开始一直悬挂到第二年开花时，远观像细细的腊肠，所以黄金雨又被称为腊肠树、牛角树，香港称之为猪肠豆。

相比较于腊肠、牛角、猪肠这些带着浓重生活烟火味儿名字，我更喜欢“黄金雨”或“金急雨”，这个名字才真正符合它的气质。夏日漫步于树下，当一串串金黄色的花借着夏风下一场骤雨，给地面铺

1 黄金雨，中国在线植物志标注其正名为“腊肠树”（*Cassia fistula* L.），蝶形花科苏木亚科毒豆属落叶乔木。2014 年 6 月摄于深圳市北环大道梅林山段路旁。

2 黄金雨像腊肠一样的荚果。2014 年 6 月摄于深圳市北环大道梅林山段路旁。

3 下过一阵“黄金雨”后的路面。2014 年 6 月摄于深圳大学城。

1
2
3

上一层金色地毯的时候，它给人的感觉是浪漫、尊贵而神秘的，甚至带有某种宗教气息。我不禁联想到《西游记》里的布金禅寺，布金禅寺原为太子的园子，坊间传闻孤独长者买了这个园子请佛讲经。太子听见后说，这园不卖，他若要买，除非黄金满布园地。这话给孤独长者听到后，“随以黄金为砖，布满园地，才买得太子祇园，才请得世尊说法”。后来寺僧向唐三藏师徒介绍布金禅寺时又说，“若遇时雨滂沱，还淋出金银珠儿。有造化的，每每拾着”。金砖铺就地面的故事，似乎带有佛教中虔诚、布施的大道。佛学精深，我不可妄言，然而，黄金急雨和黄金雨铺就的金色地面，它耀眼的金黄给人的感觉和联想确实是奇特的。

后来我得知，黄金雨是泰国的国花，其黄色的花瓣象征泰国皇室。佛教是泰国国教，大约 90% 以上泰国人信奉，皇室也不例外。黄金雨是否也令泰国人想起布金禅寺的故事呢?

巴西野牡丹

花草夹在厚厚的书里，隔上些日子，水分被书页吸收，花瓣、草叶已干透，姿态定格，色泽收敛。这时候再看这花草，收去了鲜亮的浮光和一切搔首弄姿的动作，就连香气也不再随便游移飘动，仿佛经历了繁华之后，找回了尘埃落定的沉静。

我喜欢做这样的植物标本。有时把它们封装在相框里，闲淡地摆在窗台，看晨曦或夕阳柔和的光线洒在上面的样子。有时直接就夹在爱读的书册里做书签，偶尔翻到，看花草脉络和书纸纤维融为一体的感觉，发一会儿怔。

一家小区的服装店，我常去。小店女主人喜欢纯棉、亚麻面料的服饰。一次偶然的主顾聊天，我问她是不是喜欢花草。女主人露出萍水相逢遇知己的惊讶。我说，一个人的气质是贯穿的，棉麻来自于植物，取之于自然，女主人必定有一颗纯初自然之心。其实我又何尝不是遇知己，不由翻出手机中存着的植物标本给她看。店主完全没有了生意人的样子，与我一道静静地欣赏这些花草标本，她说觉得好美好感动。

很多天以后，我经过那家小店。女主人看到我，招手叫我进去，有话跟我说。进得店内，她也不招呼其他正在挑衣服的顾客了，径直把我拉到角落，神秘而带着难以压抑的激动，拿出一样东西给我看——巴西野牡丹的标本。

巴西野牡丹原产于巴西，常绿灌木，多年前引入台湾，后又经商人之手传入大陆，在广东广泛种植。巴西野牡丹盛开时颜色大艳大紫，五片花瓣自信舒展，像极了骄傲的公主，炫耀着皇室的荣耀，西方人称之为 Princess Flower。然而，压制后的五片紫色花瓣平整而安静，艳紫收敛成深紫，没有了表面的一层光鲜，仿佛棉麻的质地，脱掉了骄傲，是一种沉淀，真正骨子里的高贵。

我问她，你会把它摆在哪里？女店主说，封装起来，放在陈列柜上，和这些棉麻的衣服在一起。我点头，又说，也可以直接作书签。她微笑点头，说以后会多看书。并没有太多言语的交流，却仿佛通过野牡丹书签传递了最幽微的心思和共鸣。

我在自己的笔记本上写下这样的文字：真正的美，来自于时间的沉淀，当浮华敛尽，回归沉静，人生也就耐得起任何繁华了。

巴西野牡丹（*Tibouchina seecandra* Cogn.），野牡丹科光荣树属常绿灌木。2014 年 4 月摄于深圳市南山区西丽湖度假村。

凤凰花

南方的五月在雨水和骄阳的交替中挣扎，十分潮湿溽热，花木均有凋颓之气，然而凤凰花却用尽力气一跃而起，火红之花开满枝头。热雨浇淋，烈日熏烤，它却更加茂盛、更加红艳，映红了天地。这种仿佛不惜豁出全部生命的状态，用开放、绽放、盛放都不够，唯有怒放，才当得起那如火如荼、将天地燃尽的气势。

怒，“心”上有“奴”，因为心中不满被奴役、被压迫的感觉，于是心跳加速、血脉喷张，积蓄了周身所有的力量，想要奋起反抗，得到痛快淋漓的发泄。“怒”的本意是生气，又衍生为奋起。“怒”的力量一旦激发，是不可遏止的。《庄子 · 逍遥游》云，“怒而飞，其翼若垂天之云”，形容大鹏奋起高飞。《庄子 · 外物》曰，“草木怒生”，形容植物阳气奋出而不可遏。

凤凰花的怒放，就像是一场不可遏制的奋起，一场惊心动魄的反抗。它那火红耀眼的满树繁花，犹如从内心最深处喷薄而出的团团火焰，令人钦佩折服、叹为观止。东方神鸟凤凰有涅槃的故事，凤凰花的怒放，是植物浴火而重生的一种生命理想吗？

怒放的凤凰花，一定有着它的信仰。凤凰花虽艳丽无比，却不可以插在花瓶里娇贵地供养，也没有人这样做。它不像桃李海棠，早已为人驯服，一枝一朵常为瓶中之宠。凤凰花“怒放”的气势可能使人害怕，它的生命是属于自然的，饱含着远古传说中在日月精华中奋出的“阳气”，那是一种原始勃发的性情，自由无拘束。

印度诗人泰戈尔在《飞鸟集》中写，“Let life be beautiful like summer flowers and death like autumn leaves”。生如夏花之绚烂，那一定是一种“怒放”的生命。

凤凰花怒放，似乎在宣告和证明，生命的目的可以如此单纯、如此尽情。

凤凰花是凤凰木之花。凤凰木，原产于非洲马达加斯加，全球热带、亚热带地区广泛引种，五六月开花，花期长的可至夏末。因其鲜绿色羽状复叶如“飞凰之羽”，鲜红色带黄晕花朵若“丹凤之冠”，故而得名“凤凰木”。凤凰木又叫红花楹、火树，是世上色彩最鲜艳的树木之一。

花谢后，凤凰木结出二三十厘米长的硕大果荚，果荚在秋冬季逐渐变成黑褐色。没有红花惊心动魄，却依然有着强大的气势。

在夏季像繁密绿羽毛的羽状复叶，到了秋冬季虽不再蓬茸，却变成有着金属光感般的金褐色，像另一种状态的火凤凰。

1 凤凰花开，如火如荼。凤凰木（*Delonix regia*[Boj.] Raf.），豆科凤凰木属落叶大乔木。2012 年 5 月摄于深圳大学城。

2 凤凰木硕大的条形荚果（可长达 50 厘米，宽约 5 厘米）。2015 年 12 月摄于深圳大学城。

3 秋冬季节凤凰木金褐色的羽状复叶。2014 年 12 月摄于深圳大学城。

1
2
3

簕杜鹃

在岭南雅士沈胜衣的集子中翻到一幅插图，是当代著名篆刻书画家钱君匋先生的一副画作——无花叶当花，觉得这句话用在簕杜鹃身上亦相当得宜。

簕杜鹃是常绿攀援状灌木，四季常开花，冬春开花最多，鲜艳灿烂。细看这花，三瓣花瓣合抱，瓣上树状经络清晰可见。论形状细节，它倒是更像质感朴素的叶子，但若说这是红叶，它又更像花瓣，明亮热闹，全无萧瑟之感。

有人告诉我，这是簕杜鹃，又叫三叶梅，深圳市花。在我的概念中，杜鹃娇艳，梅花傲骨，但全然不是这样的光景。读了一些有关簕杜鹃的文，大多歌颂其热情、坚韧不拔、顽强奋进，这些象征意象倒与杜鹃和梅花有交叠之处，也符合深圳城市文化特质，但我始终觉得大而笼统，难免牵强附会，似乎没有触及簕杜鹃的本质。

偶然的机会，得知我喜欢博物，北京大学一位好友向我推荐南兆旭的《深圳自然笔记》。去图书馆借来一看，非常喜爱，作者对深圳

1
—
2

1 簕杜鹃（*Bougainvilleg glabra* Choisy），紫茉莉科叶子花属。2015 年摄于深圳市南山区塘朗山。

2 簕杜鹃苞片和小花细节。2015 年 12 月摄于深圳大学城。

的气候、地理、植被、鸟类、昆虫等有着长期细致科学而富有人文情怀的观察记录。其中对簕杜鹃的描绘虽然仅有一张照片和一行小字注解，却令我眼前一亮——簕杜鹃的花其实只有米粒那么大，为了生存繁衍，簕杜鹃赋予苞片鲜艳的色彩，以此来吸引蜂蝶为之传粉。

我放下书本，快步跑到阳台上，掀开紫红色的“花瓣”一看，里面果然有小小的“米粒”，原来这才是真正的花，着实令人惊叹。

在漫长的进化过程中，生存不易，可簕杜鹃“无花叶当花”，大方亲和，不卑不亢地把自己微小的生命经营出一片灿烂，完全没有露出哪怕一点点“苦大仇深”的样子来。这一点，比热情、坚韧不拔、顽强奋进更让我惊心。那些正面的词语是“精神”，而簕杜鹃告诉我的，用植物学术语说，是植物的“智慧”。

记得舞蹈家金星说过，如果给她一片草原，可以策马奔腾，如果仅有方寸之地甚至囚室，她也会把那一点点空间经营得好好的，活出自己的精彩来。这位变性舞蹈家的人生态度令我大为折服。方寸之地也要活出自己的精彩来，这不是自我安慰，而是真的潇洒通达，是智慧。

在零碎繁琐的日常生活中，我们每个人都是微小的一个点。那么，你，我，能否拥有这样的智慧开出自己的花来？

菠萝蜜

我对菠萝蜜曾有过多次误解。

当年看周星驰在《月光宝盒》里搞笑地喊着“菠萝菠萝蜜”时，还没到过广东，心想广东一带的人们大概很喜欢在吃菠萝时加点蜂蜜。到了广东工作，才知道有种南方特色水果就叫“菠萝蜜”，而且它既与菠萝也与蜂蜜没有半点关系，它就是菠萝蜜。

第一次吃菠萝蜜时，广东朋友用饭盒装着。我一闻，当即跳开几米远，嫌这东西味道太浓重太奇怪了，和榴莲堪称一个系列。经过千哄万骗，我被摁着吃了。吃了就喜欢上了。这事儿奇不奇怪，我渐渐觉得，以前那些特别难闻的榴莲，包括菠萝蜜，散发着某种浓郁的层次丰富的奶酪香味，就像南方人说的，菠萝蜜有异香，坊间称之“齿留香”。后来我还专门去超市闻，看自己能不能找回以前那种特别厌恶的感觉，结果越闻越接受越喜欢。我想了半天，觉得要么是“南橘北枳”，同样的东西在不同的环境下品质不同；要么是我变了，入乡随俗了。

几年前我搬家到了现在居住的小区，有缘的是，小区种满了菠萝蜜树和芒果树，于是我就知道了菠萝蜜生前的样子。说实话，刚开始的时候特别不接受菠萝蜜的相貌，觉得它们一个个怪里怪气的，直接从树枝或者树干上突出来，就像蒙昧未开化的毛乎乎的怪胎一样。

读了诗人同样也是植物爱好者安歌的作品，说菠萝蜜是一种特别谦逊的植物，年老的树甚至谦逊到直接从树根部位长出果实来。我再去小区看菠萝蜜树，看每一个沉重的果实，觉得菠萝蜜好看起来了。这大概是文学的力量，它能让人看到这个世界更深层次的东西。

可我对菠萝蜜的误解还没有结束。有一次大暴雨，刮落果实无数。我先生出门就捡到一个大如篮球的菠萝蜜，于是我们就开始了对付这只菠萝蜜的 N 种尝试。这只家伙真是又可爱又可恨，它非常坚硬，表皮毛糙，真是不好弄，我们决定用家里最大的菜刀劈。气沉丹田，刀落之处，菠萝蜜却岿然不动。折腾良久，才算豁开了口子，可里面哪儿有黄橙橙的香肉，全是一团模糊的囊，冒着黏糊糊的像乳胶漆一样的液体。我们的手、菜刀粘得不可开交。手洗不干净，菜刀干脆就扔了。菠萝蜜没吃到，还赔了一把菜刀。

问了当地人才知道，菠萝蜜生产的“乳胶漆”需要用汽油才能清洗干净，有经验的一般戴上一次性手套来干这个活儿，而且要多备几副手套。不过，没吃到菠萝蜜并不妨碍我喜欢它。取之不易，还挺有趣味。

今年菠萝蜜上市了，朋友又送来几盒处理好的。虽然封着保鲜膜，却依然满室生香。而且最近得知，以前吃完肉扔掉的“籽儿”其实也是好东西，去掉表面的膜，放在水里煮熟，剥去薄薄的外壳，里面竟是如香芋般松软香甜的糕泥。

别看菠萝蜜外表不漂亮，里面可都是好东西，直到最里面的核心。看来很多东西，得真的了解了才行。

菠萝蜜（*Artocarpus macrocarpus* Dancer），桑科波罗蜜属常绿乔木。2014 年 5 月摄于深圳市南山区桃源村。

蜘蛛兰

有一些植物特别容易引起我对热带丛林的想象，例如之前写过的“雨林怪物”银桦花，还有就是夏季开得正旺的蜘蛛兰。

蜘蛛兰，又名水鬼蕉，原产于美洲热带地区。名字上虽然有个“兰”字，但它实际上是石蒜科植物。也许因其基生的倒披针形叶片与兰花相似，所以被误认为兰。与“兰”相比，“蜘蛛”更形象。其花中心部分连成杯状或漏斗状的膜，从膜上伸出六条细长的花丝，远远看去确实很像一只长腿大蜘蛛。

当然，了解蜘蛛的人会指出，蜘蛛兰扯上蜘蛛其实是个错误，因为蜘蛛有八条腿，不同于一般的昆虫只有六条腿。要这么来看，这个名字还真是乌龙了。不过中国文化很多时候讲究的是个神似意会，并不要求每个细节都精准符合。蜘蛛兰诡异的格调，见了便可意会。

至于水鬼蕉，这个名字就更加吊诡了，在网络上很难查到其由来。“蕉”是枝叶肥大的南方植物，如韩愈诗云“芭蕉叶大栀子肥”，南方花木肥硕饱满的形象跃然纸面。除了芭蕉，“蕉”也代表香蕉或

蜘蛛兰（*Hymenocallis speciosa* [Salisb.] Salisb.），石蒜科水鬼蕉属多年生鳞茎草本植物。2014 年 5 月摄于深圳大学城。

者美人蕉，都是叶片宽大的植物。然而蜘蛛兰叶片与蕉叶还是颇有些差距的。至于“水鬼”，大概在植物的背后有着关于水鬼的民间故事。蜘蛛兰喜湿热，常见于水岸边，丛丛而生，白花向水面伸着触须，想多了确实有些恐怖。想来这个故事应该凄艳，但终究也没查到有何典故。

无论是蜘蛛兰也好，水鬼蕉也好，这样的名字难免令人忌惮，极易联想到南方色调昏暗、毒辣潮湿的丛林。张爱玲曾在小说中对南方丛林有这样的描写，“不多的空隙里，生着各种的草花，都是毒辣的黄色，紫色，深粉红……在这些花木之间，又有无数的昆虫，蠕蠕地爬动，唧唧地叫唤着，再加上银色的小四脚蛇，阁阁作响的青蛙，造成一片怔忡不宁的庞大而不彻底的寂静”。有真实体会的南方人读了会很有同感，在貌似静谧的热带丛林里，常有恐怖的植物和阴毒的昆虫，充满了令人不安的诡异。

虽然危机四伏，可人们总是忍不住“密林探险”，也许在漫长的进化过程中，人的血液里已经留下了勇于征服的基因。这一点似乎是很矛盾的，就像“蜘蛛兰”这个名字本身的矛盾一样，恐怖和美丽并存。一个有趣的现象是，植物的命名，往往是人类心理的写照，可窥见文化和习俗的源流。

蜘蛛兰是中国人的叫法，它的西方学名是 Hymenocallis Spciosa，来自希腊语 hymen（膜）和 kallos（美丽的）两词，意即具有美的膜。这个名字比起中国充满矛盾美的“蜘蛛兰”，就略显苍白无味了。

含羞草

含羞草恐怕是世界上最出名的植物之一。人们不管有没有见过含羞草，至少都听说过它，因为含羞草受到外界触碰时叶柄会下垂叶片会闭合，这一点总被教科书用来作为“植物运动”的范例。这个奇妙的现象确实十分有趣，在十八世纪中叶，曾经迷倒过乾隆皇帝。

在英国作家基尔帕特里克《异域盛放——倾靡欧洲的中国植物》一书中有这样的描述，1753年，法国传教士汤执中“向乾隆皇帝献上两棵小小的含羞草，只要轻触叶子，含羞草便闭拢下垂，乾隆皇帝看了大感异趣，龙颜大悦”。汤执中向乾隆皇帝进献含羞草的目的，是引起皇帝对他追求植物学的兴趣的注意和认同，从而特许他进入皇家园林搜集植物。当然，有趣的“小把戏”成功了，汤执中取悦了龙颜，得到了当时很多来到东方的植物爱好者梦寐以求的机会。

虽然基尔帕特里克着墨很少，但这个生动的场景却读来饶有趣味——历史的惊鸿一瞥，也许注定了一个植物的足迹和命运。在大量有关含羞草的知识中，基本没有资料提及这种植物是何时从海外传入中国的，基尔帕特里克的描述似乎为我们了解这种植物的传入提供了

含羞草（*Mimosa pudica* L.），豆科含羞草属多年生草本或亚灌木植物。2014 年 5 月摄于深圳大学城。

一丝蛛丝马迹。

与现代西方著述相对应，乾隆与含羞草的故事在清代宫廷西洋画师郎世宁之《海西知时草图》中亦有刻画，乾隆题跋曰："西洋有草，名僧息底斡，汉音为知时也……以手抚之则眠，踰刻而起，花叶皆然……"学者张之杰在《清代台湾方志含羞草资料载录》中解释，乾隆题跋中所谓"知时草"，即含羞草。显而易见，含羞草对乾隆来说是奇花异草，是从未见过的"西洋镜"。

不过，张之杰认为，根据台湾方志的一些零碎记载，含羞草可能之前已传入台湾地区，土名"见笑花"，"可能是含羞草一词之词源"，但可惜的是，"有关含羞草传入中国及含羞草语源等问题未见学者探讨"。

历史已成过眼云烟，有些细节永远难以复原，含羞草到底经谁之手、从什么地点传入的，也许已不得而知。但有一点可以肯定，当年乾隆端着好奇心"轻触"含羞草叶片的时候，他的小心情和现在的孩子们是一样的。植物的力量是奇妙的，在有趣而美好的植物面前，人人可以摒弃世俗回归到单纯的童心。

菩提叶

人们喜欢菩提树，大多因菩提树与佛教故事有关。无论是释迦摩尼在菩提树下修行成佛，还是慧能的“菩提本无树”，菩提都已被宗教光芒笼罩，甚至成为“本无树”的虚幻。菩提树到底是什么样子的，竟渐渐遥远模糊起来，更别提细节的菩提叶了。在我所涉猎的有限的书籍中，台湾美学家蒋勋对菩提叶的审美令我感到清新而震撼。

在《此时众生》“秋时”第一篇里，蒋勋写道，“曾经去过印度菩提迦耶那棵大树下静坐，冥想一个修行者曾经听到过的树叶间细细的风声。或者，树叶静静掉落，触碰大地，一刹那心中兴起的震动”。蒋勋承认，喜欢菩提叶“或许与传说里佛的故事有关”。然而接着笔锋一转，“冥想尽管冥想，这片叶子其实可以与故事无关的”。

下面是他和一名植物学者脱离了宗教故事框架的对话。他赞美一片菩提叶，用诗句去歌咏，用色彩、线条和质感去展现；然而植物学者却有不同的解释——叶蒂纤细，却非常牢固，因为要支撑整片叶子的重量。他形容菩提叶“像一颗心形，尤其是拖长的叶尖，使人觉得是可以感受细致心事的人类心脏的瓣膜”；植物学者却仍然有更为

“科学”的回答——许多植物的叶尖是用来排水的，“尤其在热带，突如其来的暴雨，大量积存在叶片上，叶片会受伤腐烂败坏；久而久之，植物的叶子演化出了迅速排出水分的功能，形状其实是功能长期演化的结果”。

惊艳的是最后的对话——“要多久才能演化成这样的形状？”“上亿年。”这让蒋勋陷入沉默，他写道：“美是不是生命艰难生存下来最后的记忆？美是不是一种辛酸的自我完成？”至此，蒋勋感悟到的，是文学艺术和自然科学在美学上的终极融合。这片叶子可以与故事无关，它本身就是美。

德国植物学家和水彩画家合著的《植物的象征》一书中提到，有些花卉可以“纯粹以其辉煌美丽而成为象征”，不需要故事。花卉如此，树叶又何尝不是如此。蒋勋细腻入骨的观察和体会，为我们欣赏菩提叶提供了一种“纯粹”的方式。这种方式是回归自然、回归初心的，即抛开那些故事框架，进行一场只是人和植物之间的感应。

我的校园有一棵菩提树，夏季，我采了两片菩提叶，把它们夹在书中，等待它们干燥后做成了书签。每当翻书见着它们，总能让我的心多一份宁静。这份宁静不仅来自于宗教的启示，更是对于美的领悟。

菩提树（*Ficus religiosa* L.），桑科榕属乔木。2013 年 12 月摄于深圳大学城。

假槟榔

很多刚到南方的人都闹过这样的笑话，看着会议室里青葱翠绿、肥硕饱满的叶片，暗忖“这不会是假的吧”，忍不住上前摸摸，既非塑料也非绸布，一掐掐出汁水来，原来是真的植物。其实这还好，作为室内装饰之用毕竟有些“假”的嫌疑，但如果植物本身挂一个牌子号称自己是“假”的，情节就更戏剧性了。

据说有一批人，第一次到南方，参观某艺术文化村，走到村口看到一排高大树木，树干笔直无分叉，顶端像椰子树一样的树叶随风轻轻摇摆，令人大感南国异趣。走近一看，树身上挂着牌子“假槟榔”，已有一百五十多年历史云云。这群人突然“明白”，原来是“假”树，并猜测这是居住在艺术文化村的艺术家的雕塑作品，已有相当的历史。于是一群人啧啧赞叹，这个雕塑品真是极品，经历了百年风云竟还如此逼真，连虫咬风蚀的树洞都那么自然，简直像真的树木一样！

事情固然好笑，但也不能全怪北方人，谁让假槟榔的名字上有个“假”字呢。查询资料得知，植物界叫做“假”的还不少，假槟榔、假连翘、假杜鹃、假昙花……是个不容小觑的“假”姓家族。什么名字不好取，非得叫个“假”字？在我们一般的概念中，冠以“假”字的，要么指血统不正宗，要么质量有问题。显然，假槟榔谈不上什么质量问题，既非歪瓜裂枣，也非虫桃烂李。若要论血统，槟榔和假槟榔都属于棕榈科槟榔族植物，只是细分到植物的“属”时，两者才有了区别，槟榔是槟榔属植物，而假槟榔是假槟榔属植物。说起来有点绕舌，似乎“因为如此所以如此”，等于没说。

网络上有人以专家的口吻这样解释，“槟榔是人们较早前认识的，后来人们又发现了类似槟榔的物种，但又不是槟榔，为了区分它，又要让人们知道它与槟榔类似，所以叫它假槟榔”。有人追问，那为什么要叫“假槟榔”？有个“假”字多难听。这人干脆气急败坏说，别问我，我也不知道。

看来，有关假槟榔的故事到最后总是让人忍俊不禁，所以，假槟榔是多么可爱的植物啊，整个儿都是萌萌哒。

当然，有人要问了，既然两者这么像，那么怎样才能区分呢？我的观察是，两者的果子差别很大，假槟榔的果子如黄豆小，卵球形，成熟后红色；槟榔的果子要大得多，青色或橙色长圆形。对了，还有一点极易分辨，假槟榔树下不会有风情万种的“槟榔西施”。

假槟榔（*Archontophoenix alexandrae* [F. Muell.] H. Wendl. et Drude），棕榈科假槟榔属乔木状植物。2014 年 4 月摄于深圳大学城。

蕨类

蕨类，在南方这块温润的土地上，它们无处不在，一年四季充满生机。就拿我的校园深圳大学城来说，几乎每片林子的树荫下、背光的墙角、石头缝里、水边，都有蕨类的身影，那些未被驯服的荒地更是蕨类的天下。蕨类植物品种繁多，全世界蕨类植物大约有一万余种，而我国就有两千多种。它们就像各色华美的羽毛，令人眼花缭乱。我只笼统地把它们叫做蕨类，因为根本叫不上来每一种的名字。

其实我也不是没有尝试过去辨识蕨类植物不同的科属种。我手头上有一本《中国石松类和蕨类植物》（张宪春著，北京大学出版社），获赠于一位社科老教授，寄托着他对我从事博物学的期望。这本书基于目前植物系统学研究的最新成果和国际最新的分类系统，介绍了石松类和蕨类植物在中国分布的全部科（38 科 12 亚科）和几乎全部的属（160 属），可谓非常权威和系统。

今年春天，当蕨类开始新一轮蓬勃萌发时，我尝试着对照这本书的图谱进行辨识。肾蕨、蜈蚣草相对熟悉一些，很惊喜地又认出了疑似芒萁属、海金沙属、鳞始蕨属，然而再往后翻，又觉着很多都相似起来。想来也是，这本图谱是作者及其团队多年观察和研究的成果，

1
—
2

1 各种蕨类压制的标本

2 用蕨类植物标本和道具打造的小景观

我怎可奢望短时间翻翻就掌握。学习植物或者说踏入任何一门领域，都需要长年累月的耐心与坚持。

近期经过校园池塘边时，看到石头上有一把蕨类的嫩头，不知是谁采了扔在那里的。忽然想起，春天来了，是采蕨的季节了。几年前我到粤北湘南的莽山旅行时，也曾采过蕨。那时，莽山开满杜鹃花，还有毒蛇烙铁头和山野蕨菜。我和先生在山野溯溪、徒步，打趣说希望遇到一条烙铁头，结果倒是在草丛里发现了蕨菜。也不顾草丛里有没有烙铁头，伸手就去采。采了一小把，开开心心下山去，让我们住的那家民宿的瑶族大婶给炒一盘新鲜的野味。瑶族大婶无奈地笑了，我们采的蕨菜太老，而且太少。

说来有点意思，当时在莽山一眼认出蕨菜，但现在，深圳满眼是蕨类植物，我却一个都不敢摘，因为我根本无法判断哪个是能吃的品种了。很多事情都这样，因为多而困惑，从而无从选择。

既然说到采蕨，想起读过的一些很美的文字。比如《诗经》中的“陟彼南山，言采其蕨”，是先民生活的原始纯朴美。还有伯夷、叔齐不食周粟，采蕨薇于首阳山的故事，是世代传颂的美德。近来读到的一则也很美，清朝道光末年，《植物名实图考》的作者吴其濬赴云南当官时，船在山间水中行，听到峡谷中传来巨大的声音，接近一看，原来是当地人取了溪水在木桶里舂蕨根。

我虽然没有在莽山见到如此美丽的劳动景象，但蕨菜也给我留下了美好的记忆。瑶族大婶给我们做了一盘她采的蕨菜，临走又送我们一袋干蕨菜、一袋泡椒腌制的蕨菜条，都是她在山里摘的。山民的纯朴笑容如山野蕨菜般简单清新，令我至今记忆犹新。

蕨类是地球上最古老的陆地植物之一，曾是恐龙的主要食物。近期我在校园中采集了一批蕨类植物的标本，计划把它们分别夹在透明相框里，前后映叠，制造热带雨林的视觉效果，再摆上几只橡皮恐龙。至于为什么有这个想法，没有为什么，就是觉得好玩。

还有更好玩的，这几天又把美国博物学家戴维·乔治·哈斯凯尔的《看不见的森林：林中自然笔记》（熊姣译，商务印书馆）拿出来看，有一篇讲蕨类的，其中有一段描写充满童趣、引人入胜。我们知道，蕨类植物是靠叶子背面的孢子繁殖，这位可爱的博物学家写道，“当太阳直接照射在成熟的叶片上时”，“孢子四溅开去，如同从热油上炸开的玉米粒。用肉眼看来，这些逃逸的孢子就像是一阵阵烟雾。透过放大镜看时，场面显得更加激动人心：弹弓突然迸发，投射出密集的子弹，看起来就像实战演习一般”。

我读完后，简直想马上跑到草丛里看看这些蕨类激动人心的实战演习场面。当然，别忘了带上放大镜，因为这样的场面正如本书书名说的，是普通观察“看不见”（unseen）的。这个奇妙的世界，每时每刻都有很多我们“看不见”的场面正热烈上演着呢。

榕树

榕树是与人亲近的树木，它那扩张的树冠、浓密的树叶、沧桑的树色和长垂的“胡须”，就像慈祥的老者。尽管植物学解释，榕树的“胡须”并非代表榕树年纪大，而是植物的“气根”现象，能吸收空气，垂至泥土便可扎根，支撑植物向上生长，但人们更愿意相信它就是长长的“胡须”，仿佛能将人的思绪一直牵引到地老天荒的远方。这样的景致，非植物学所能概括，它是入诗入画的。

我喜欢夏日坐在水边的榕树下休息。炙热的阳光照得四处白亮，但榕树下是安宁清凉的，垂须在水中照出丝丝倒影，像给平静的水面罩上了一层薄透的遮光纱。偶尔的动静，水面上千丝万缕的倒影摇动起来，与波光交织，仿佛惺忪的睡眼，引人入梦。这样静谧而细微的触动，泰戈尔在《新月集》(郑振铎译)的“榕树”中有绝美的句子，“大黑影在水面上摇动……日光在微波上跳舞，好像不停不息的小梭在织着金色的花毡”，于是孩子“静静地坐在那里想着”，想做穿过榕树树杈的风，想做水面上榕树的影子，还想做栖息在榕树上的鸟儿、游在芦苇与榕树阴影下的鸭子……这首诗是泰戈尔在老年时期的作品，经历人世沧桑后，诗人的语言睿智而洁净，犹如天籁，直达心灵

榕树（*Ficus microcarpa* L. f.），桑科榕属常绿大乔木。榕树树枝上向下垂挂生长的“气根”，落地入土后成为“支柱根”，柱枝相托，枝叶扩展，能形成遮天蔽日、独木成林的奇观。2013 年 11 月摄于深圳大学城。

最深处。

画家吴冠中也被榕树的垂须激荡了诗心。二十世纪七十年代末，他到厦门鼓浪屿写生，展开大块油布在海滨画大榕树，从早晨一直画到下午，周围一大群人围观。吴冠中先生在《画眼》一书中回忆，这是他“在油画中引进线”的尝试。中西合璧的画法是创新，也是一种冒险，为此，吴老“煞费苦心，遭遇到无数次失败”，而鼓浪屿是“特别难堪”的一次。虽然尝试失败，但榕树垂须的线条之美却始终在他心中萦绕，挥之不去，便改用水墨重画这一题材，取得了相对成功。更有意思的是，多年以后，吴老再次用油画表达了当年那棵大榕树，并自评“更上一层楼”了。

记得前两年我随学校（清华大学深圳研究生院）组织的考察交流活动去了厦门，一群人在鼓浪屿一棵大榕树长长的垂须下抒怀。当时，康飞宇院长正对如何既能“根系清华”又能“扎根深圳”而冥思苦想，看到大榕树的垂须竟突发灵感，认为气根现象正解决了在原本的树根以外扎根的问题。不知我们当年围观的大榕树是否就是吴老画的那棵。

泰戈尔在老年写就榕树之诗，吴冠中绘画大榕树也几经反复，我想，异地办学大概不会比写诗、绘画更简单。期待，经过时间的等待，经历曲折的过程之后，也是一则如诗如画的故事。

海芋

一只红耳鹎飞来，停歇到海芋上，在肥硕绿叶的掩护下左顾右盼，确定安全后，红耳鹎开始啄食海芋的果实。海芋中心那一串丰硕的果实鲜红、饱满、多汁，鸟儿啄到之处，无不汁水迸溅，让悄悄在一边观察的我垂涎欲滴。不过，我猛然想到一个问题，开始为这只馋嘴的鸟儿担心起来。

我想起来，海芋是很毒的。植物诗人安歌说，海芋至毒。新闻也常有误食海芋露珠而引起中毒的案例。红耳鹎会不会一顿美餐后中毒身亡？我不禁怜惜起这只鸟儿来，不惜暴露自己摄影“偷窥”者的身份，三步并作两步就去赶鸟。红耳鹎受惊，腾地飞走。它心里一定很怨恨我，坏它兴致，可它不知，此刻的我却在观察它飞行的身影有无摇晃，是否会因为使用“内力”震动翅膀而导致毒发？它飞走了，无影无踪。

这个无影无踪倒让我更加惦记。我开始重新翻查有关海芋的资料，我想求证，这只鸟儿会是什么命运。资料让我沮丧，海芋有毒，其茎和叶内的汁液含草酸钙、氢氰酸及生物碱。据《有毒中草药大辞

鲜红多汁的海芋果实，看起来很可口。海芋果实对人类来说有毒，却是很多鸟类的美食。海芋（*Alocasia odora* [Roxburgh] K. Koch），天南星科海芋属多年生草本植物。2014 年 6 月摄于深圳大学城。

典》记载，皮肤接触海芋汁液会发生瘙痒；眼与汁液接触会引致失明；误食茎或叶会引起恶心、呕吐等症状，严重者还会窒息、心脏麻痹而死。人尚且如此，小小的鸟儿估计难逃厄运。于是，我大概是要默默地为那只红耳鹎祈祷安息了。

戏剧性的是，中国有个成语叫“绝处逢生”。我现在确定，我的红耳鹎死不了，而且它一定毛色光鲜、活蹦乱跳。这个好消息源自南兆旭的《深圳自然笔记》，书中一张北红尾鸲啄食海芋果实的高清特写，底下标注，“滴水观音（海芋）鲜艳的红色果实吸引了北红尾鸲，这种看上去鲜嫩可口的果实人吃了会中毒，却是一些鸟儿的美食”。一段小小的文字，读来让我如释重负，简直大快人心，就像我自己经历了一场九死一生的考验后获得了柳暗花明的转机一样。

之后我再看海芋，发现好多果实都是被“偷吃”过的，我知道它们来过，会心一笑。后来我又得知，鸟儿和海芋还是双赢的关系，鸟儿吃了海芋的果实之后，通过排泄，帮助海芋种子传播。据报道，有人曾发现鸟窝附近的树杈上长出海芋，一时引以为奇。

这天下之事环环相扣，真奇真妙啊。

蟛蜞菊

总有一些野花，随处可见，却好像从来叫不出名字。深圳路边常有一种小黄花，蓬茸茂盛的绿叶覆盖了一大片泥土，绿叶上星星点点开着花，像一个个小小的向日葵，仰望着太阳，释放着热情。很久以来，我都不知道这种小黄花的名字。

有一次，某个港星在节目中说，她的公益团队以深港地区特别常见的一种不知名的小黄花作为logo，希望那些需要帮助的孩子们像小黄花一样坚强，虽然弱小，却充满希望。我知道，她说的这种不知名的小黄花就是我常见的那种小野花。

直到有一天翻阅图谱时得知，它叫蟛蜞菊，菊科多年生草本植物，原产于南美洲，在我国广东等南部地区分布很广。而且很多文献特别指出，它属于入侵植物，繁殖能力极强，提示园林绿化部门在引种时加以注意，甚至必要时加以清除。

印象中一向都是那么亲切而美好的野花，竟然是危害极大的入侵植物，这一点让人惊讶。有人在网络日志中写得好，得知这个知识，

蟛蜞菊（*Sphagneticola calendulacea* [Linnaeus] Pruski），菊科蟛蜞菊属多年生草本植物。2014 年 5 月摄于深圳大学城。

张口想说点什么，似乎想要替小黄花辩解，不过，终究还是选择了缄默，不管这个世界怎样，不管人们怎么看待，就让自己像小黄花一样默默地开放吧。在我看来，这位无名的作者虽然只是闲淡地记录了对小黄花的那份心情，寥寥几笔却道出了生活态度的本质了。

从野花悟到生活态度固然是非常美好，然而从科学角度来看，蟛蜞菊的确是入侵植物。既然对本土植物侵害如此厉害，为何又要大量种植呢？不少资料表明，大量种植的原因是，蟛蜞菊特别容易繁殖，不用多长时间就可以产生大片密集的绿色植被。

想起一名十几年前就到深圳工作的同事说过的一件事。校园有一片绿地，当时园林工人种了很多树木，各种各样掺杂种植在一起。这位同事感到奇怪，不同植物对土壤、气候的要求不同，混杂种植是不是不科学？园林工人说，这样做完全没问题，哪棵死掉了就说明它不适应，拔掉种别的就行。同事感叹，这就是深圳这座移民城市的特点，试验、包容、适者生存，同时也很无情。

蟛蜞菊平凡而弱小，但它在新的环境中成功地生存下来了，人们欣赏它赞美它，然而，随着时代的变化，人们又认为它是“坏”的了，它该怎么办呢？

这样的问题，可能一时无法找到答案。不过，没有答案也许并不要紧，我们还可以有某种态度，就像网络上那位无名的作者一样，张口欲辨，却最终选择缄默，真正坚强而充满希望的，不是小黄花本身，而是留待小黄花在自己心里每天开放。

月季

家乡常州的国际月季园让我见识到了月季千奇百怪的种类和千变万化的容颜，而在这姹紫嫣红、万千变幻中，有一个更令我惊叹的事实——全球所有的现代月季大半血统来自中国古代月季。

如此庞大的花族血统在世界范围内的传承和演变，一定是波澜壮阔的传奇。

回想起曾经读过的基尔帕特里克所著的《异域盛放——倾靡欧洲的中国植物》一书，在有关十八、十九世纪欧洲植物采集者、传教士引进中国花卉的描写中，月季占了不少专门的篇幅。从月季花海中爬上岸，重读此书，顿觉趣味盎然。在这本专著中，有关于最早传入欧洲的三种中国月季的记录——月月红、粉红中国和茶香月季。

1791年，“月月红”远航到英国。当时的英国人虽然在图谱或装饰图案中见过中国月季，但还没有人见过真花。当鲜红欲滴的花朵开放时，“格外惊艳，在欧洲月季中还从未有过如此艳丽的颜色”。1794年的《植物杂志》对月月红大加赞美，称之为“所有引种到这个国

月季花（*Rosa chinensis* Jacq.），蔷薇科蔷薇属灌木。2014年8月摄于江苏省常州市国际月季园（紫荆公园）。

家的最优美的植物之一”。月月红迅速成为欧洲人的园林新宠，到了1798年，该花已遍布欧洲大陆。据研究，月月红源于中国西部山上的一种野生单瓣月季，十九世纪初，欧洲人用这种单瓣红色月季与抵达英国的其他中国月季进行杂交，培育出了很多连续开花的月季新品种。

其实还有一种月季比月月红更早进入欧洲。1793年，园艺师约翰·帕森斯成功栽培一种重瓣、淡粉色的中国月季并首次开花。这种月季“花开成簇，花瓣如轻鹅绒般柔软”，“令亲见者动容，久久难忘”，被命名为“帕森斯之粉色中国”。1798年，“粉色中国”传入巴黎，被培育出了现代最美丽的一些攀援月季品种。随后，“粉色中国”进入法国的波旁岛，与当地月季杂交出了波旁月季系列。波旁月季系列又传入英国。经过反复杂交，“粉色中国”衍生出诸多新品种。基尔帕特里克写道，“粉色中国”在培育新品种方面功劳卓著，以至于几乎今天所有非纯西方品种的月季或多或少要归功于它。

第三个“中国品种”更加迷人——休姆之中国绯红茶香月季。这种月季大约引进于1809年，于1810年在英国首次开花，花蕾长长尖尖，盛开时“圆圆的绯红色花瓣悬垂着”，其幽香令人“想起了香气扑鼻的茶”。来自中国的“茶香月季”吸引了法国皇后，然而当时英法交战，皇后爱之而不得。有位葡萄园商人因拥有自由出入英法特权，把“茶香月季”带给了拿破仑的皇后约瑟芬，约瑟芬皇后视之为瑰宝，把它收藏到了梅尔梅森城堡里。然而，也许由于这种月季过于娇嫩，经历几个寒冬之后，到了十九世纪末，“茶香月季”在欧洲销声匿迹了，如今只有在中国才能看到这一品种。皇后的宠爱和无声的陨落，也令这种漂泊异国的中国月季蒙上了一层美丽而遗憾的迷雾。

十八到十九世纪，随着英法等国殖民主义的扩张，月月红、粉色中国、茶香月季等大量中国的奇花异草远渡重洋，引入欧洲。中国植物的丰富和美丽，在欧洲掀起了植物学和园艺学的风潮，大量新品种得以试验和繁衍，现代月季的概念也于1867年诞生。

虽然基尔帕特里克的书主要讲述的是欧洲人对月季等中国花卉的狂热和植物学贡献，但在字里行间却不时透露出对中国人月季培育艺术的羡慕和赞赏，书中提到，“生息在此（中国沿海）的人们都堪称为园艺师”。

夏天回江南老家时，看到很多普通人家院里养了品种繁多的月季，甚至有一株多色的品种，奇异美丽，令我止步。据说一株多色引自云南，最早种植于市政道路两侧，孰料不几日便被偷了大半。看来，世界各国的人们对培育和拥有月季新品种都是乐此不疲，中国人更是不例外。

据统计，如今月季品种已多达两万有余，多到数不清也记不住了。我无意去费劲辨识那些名字，倒是更喜欢听听有关月季的故事，远的近的，说起来都是卷带着文化、科技、社会流变的好故事，都是传奇。

五色梅

“每一个蝴蝶都是从前的一朵花的鬼魂，回来寻找它自己。”当我经过五色梅花丛时，容易想起张爱玲在《炎樱语录》中写下的她的朋友炎樱的这句话。

五色梅又名马缨丹，花不名贵、色不妖娆、香不馥郁，看起来像是一丛匍匐在地开着星星点点杂花的野草。若折其花枝，还会发现它有一股不是很令人愉快的气味。但是，有五色梅的地方总能看到蝴蝶，玉带凤蝶、樟青凤蝶、宽边黄粉蝶、钮灰蝶……翩迁起舞，恋恋不舍。有人玩笑说，难道蝴蝶也像人一样，喜欢尝尝街边小吃“臭豆腐”？

蝴蝶的口味人类无从揣摩，然而科学研究告诉我们，除了花香和足够的花蜜以外，靠动物传播花粉的花朵还可以通过花色吸引动物的视觉。令我感兴趣的是，五色梅是如何吸引蝴蝶的“眼球”的？

近年来，一些科学家开始关注动物眼中的世界，得到了一些有趣的发现。比如，因为眼睛结构不同，不同生物面对同一事物看到的效

五色梅，中国在线植物志标注其正名为“马樱丹”（*Lantana camara* L.），马鞭草科马樱丹属常绿灌木。2014 年 6 月摄于深圳大学城。

果也不尽相同。对于蝴蝶来说，能看见从光谱末端的红色区域一直到紫外线区域，对于不同颜色的花朵会反射出不同范围和强度的紫外线，人眼无法识别，蝴蝶却能看到。

那么，我们肉眼看到的一朵五色梅，蝴蝶到底看到的是什么样子呢？有人打比方说，花朵从一团绿叶中凸显出来，就像在夜晚看到的霓虹灯广告牌。为了让自己的霓虹灯更为出彩，五色梅还有独特的策略，它的花朵呈辐射状，每一朵花都由黄色、橙色、粉色不同颜色的小花组合成一个花球，整个花球以点、线及碎片状分布。看似简单，却没有一朵花是一样的。试想，如果转换成霓虹灯效果，在蝴蝶眼里，大概很像夜空里璀璨而变幻莫测的烟花吧。

也许有人会说，你怎么知道蝴蝶就一定会喜欢“夜空中璀璨的烟花”？审美品味的问题确实不好回答。蝴蝶为什么喜欢五色梅？与其说半天科学知识仍存疑惑，不如还是回到开头那句似是而非的诗句吧，“每一个蝴蝶都是从前的一朵花的鬼魂，回来寻找它自己”。

绚烂烟花在无垠的夜空中稍纵即逝，生命倏忽如此，看不清，抓不住，但是有些东西永远让我们不舍追逐。蝴蝶，带着前世的模糊记忆，遇到了五色梅绽开的“烟花”，似曾相识，心中掀起无数波澜，又不敢轻易相认。这样的故事，是令人心动的。

桂花

中秋前后谈桂花难免陈词滥调，不过有件事情还是值得一记。

去年桂花盛开的时候，我突发奇想自制过桂花茶——摘来干净新鲜的桂花，盛在碧绿冰裂瓷茶盅里，置入高山云雾茶茶叶筒中，合上盖子密封。次日打开，取小撮茶叶冲泡啜饮，则暗香浮动，清雅悠长。我颇为得意，想起深谙生活艺术的清人李渔在《闲情偶寄》中对桂花香格的评价，“秋花之香，莫能如桂，树乃月中之树，香亦天上之香也”，觉得此句甚妙，便把我的新茶命名为“天上之香”。

不过，我的“天上之香”极难保存，数日后桂花发蔫，色衰香散，若不及时处理，还会影响整筒高山云雾茶的成色，这令我束手无策。后来读了何小颜所著的《花之语》才知，桂花茶的制作并非把桂花直接放入茶叶中那么简单，据明代顾元庆《茶谱》记载，“木犀花（古人称桂花为木樨花），须去其枝蔓，及尘垢虫蚁。用磁罐一层茶，一层花，投间至满。纸箬絷固，入锅重汤煮之，取出待冷，用纸封裹，置火上焙干收用。诸花仿此”。原来，高级的桂花茶是需要蒸馏技术的。

桂花，中国在线植物志标注其正名为“木犀”（*Osmanthus fragrans* [Thunb.] Loureiro），木犀科木樨属常绿灌木或乔木。2015 年 12 月摄于深圳大学城。

为了做出手工桂花茶的精品，还原历史中的那一杯醉人香茗，我开始钻研蒸馏技术。然而，越是研究技术细节，我却越觉得不是那回事。我最初期待的是，天上之香。天上之香本来就是假设和想象，不是通过精进的技术可以达到的。那么，天上之香究竟何处来？

再读何小颜《花之语》，“在南方，桂树长得高大壮实”，“满树盛开的花朵散发出悠远浓郁的香味，在人们的头顶上飘荡开来”，“中秋之夜，那香好似从云外飘来，那花好似月中落下”，于是人们不由地联想到了广寒宫的神话故事。这才是“天上之香”的由来。对桂花的欣赏，无关蒸馏技术，关乎夜空悬着的那轮明月。我的“天上之香”，妙门本就不在保存之法。

今年中秋前，家乡的友人捎来问候，告诉我江南的桂花已经开了。我迫不及待跑到学校教学楼东面那片桂花林去看，尽是夏日浓浓绿叶，还没有一点花蕾。广东的花季要比江南晚一些。不过我欣然回复，江南花期过时，到广东来看桂花，我得了“天上之香”方子，可自制桂花茶，留待一同月下品尝。

大叶相思

车子沿着山脚下行驶，我指着远处说，你看那一片片的黄。朋友看了看说，秋天树叶变黄了吗？我说不是，大叶相思树开花了。朋友盯着车窗外看了半晌，赞叹说，真美，它会不会结诗人王维笔下的“红豆”？

的确，人们说到相思树，首先想到的是那首脍炙人口的唐诗，然而大叶相思并不结红豆（结红豆的是另外一些树，包括海红豆、红豆树等），它原产于澳大利亚和新西兰，是豆科金合欢属植物，在我国广东、广西、福建等地多见。

平日里是很少有人会注意到大叶相思树的，在一年四季葱茏的南方，它一身苍翠，不显山不露水。只有到了秋天开出满树黄花时，才会被人看到。看到了也不会怎样，因为大叶相思的花近看是看不出什么名堂的。细看那花，穗状花序，花丝仅两三毫米，小得看不清是什么形状，也几乎无法分辨花瓣花萼，构不成形态美。花本身没有形态美，难以引起人们对花朵的欣赏。

大叶相思的花。大叶相思（*Acacia auriculiformis* A. Cunn. ex Benth），含羞草科金合欢属乔木。2014 年 10 月摄于深圳大学城。

远看就不同了。从树下退远一点，再远一点，一条条黄凝结成一簇簇黄，又融化成一块块黄，最后隐现在墨绿的树叶里，随着风向和阳光的角度而忽明忽暗，旷远而又富有层次和变化，内敛而又充满丰盈的质感。那是秋天才有的色彩。南国也有秋色，只是不与北国同。略去形态细节，大叶相思直接把我引入了秋天的意境。

意境胜于细节的还有桂花树。吴冠中先生画桂花树，不因袭花卉画的传统去画那一花一枝，倒是老桂树的高大遒劲触动了他，于是我们看到树根深深盘入泥土，枝桠直触灰蓝夜空，那是千年神话动人心魄的幽深。大叶相思应该也有这样的神采，但它没有老桂树幸运，没有遇见吴老。

没有吴老的画笔，大叶相思却也不寂寞，它以水面为画布，自己作画。从夏天到秋天，当水的颜色从混沌的黄绿渐渐转成浅蓝带银灰，弯弯的镰状假叶就落到水里，伴着涟漪飘飘荡荡，仿若水中之月。月如钩，云追月，纯粹大自然的情趣。还有青石板的桥，大叶相思也最喜欢。即便南方的秋天很少有风，那些弯弯的叶子也喜欢悄无声息地落满桥面。晚上，天地间洒满银色的月光，相思叶也会泛着点银色的。这样的桥可以叫做“相思桥”。与大叶相思相伴的水、月、桥，无一不勾起秋思。

大叶相思结的荚果也是很美的，卷曲起来像云，一朵朵寄托着无限思绪的云。

远看大叶相思，满树黄花，使得深圳也有了些许秋色。
2014 年 10 月摄于深圳大学城。

相思树还是极好的造纸木材，在一千余种相思树中，大叶相思的制浆性能最强。试想，如果用“相思纸”书写一笺相思词，又将增添多少惆怅的美丽。用多了互联网 Email，在这个秋季，突然很有手写书信的冲动呢。

1 新长出的大叶相思幼苗，可以清楚地看到羽状复叶退化后，生出镰状假叶。2014 年 10 月摄于深圳大学城。

2 大叶相思的镰状假叶掉入水中，像水中月。2014 年 4 月摄于深圳大学城。

3 大叶相思的荚果，卷曲成云状。2014 年 5 月摄于深圳大学城。

合欢花

我一直对合欢花很好奇。清人李渔在《闲情偶寄》中说，“凡见此花者，无不解愠成欢，破涕为笑”。清代《花镜》中也记载，“合欢一名蠲忿……人家第宅园池间皆宜植之，能令人消忿”。这么看来，合欢花似乎是情绪治疗的神药。

合欢“消忿”的传说由来已久，追溯起来，最早见于三国时嵇康养生论》中的“合欢蠲忿，萱草忘忧”。据传嵇康喜欢合欢木，“种舍前”，与朋友在合欢树下饮酒作诗，无忧不忿。

合欢真能“蠲忿”吗？据《神农本草经》、《唐本草》、《本草纲》等医书记载，合欢花和树皮都可入药，有理气解郁、宁心安神的效。但门口种了合欢树就能不忿吗？事实证明，这是不可能的。至嵇康，有人分析得好，与山巨源绝交，与吕长悌绝交，锻铁于盛柳月夜弹广陵散于合欢树下，虽说不忿，心底岂无深忿？嵇康说欢蠲忿”，是借物喻情，将内心万千戈矛气象化为风轻云淡的散逸，那是名士风流。

1
—
2

1 合欢（*Albizia julibrissin* Durazz.），豆科合欢属乔木。
2014 年 8 月摄于江苏省常州市。

2 清晨的合欢落花。2015 年 7 月摄于江苏省常州市。

合欢的神奇不止如此。李渔，这位深谙生活艺术的才子，对合欢可谓颇有研究。除了可以“破涕为笑”，他还认为，“凡植此树，不宜出之庭外，深闺曲房是其所也。此树朝开暮合，每至昏黄，枝叶互相交结，是名‘合欢’”。这还不算，李渔对合欢的灌溉之法亦有独特的心得，“灌勿太肥，常以男女同浴之水，隔一宿而浇其根，则花之芳妍，较常加倍”。不过李渔大概预计到人们会不太相信，他又补了一句，“此予既验之法，以无心偶试而得之”，你若是还不信，“请同觅二本，一植庭外，一植闺中，一浇肥水，不浇浴汤，验其孰盛孰衰，即知予言谬不谬矣”。

我曾在江南、华南等好几处地方见过合欢，大多树身高大、绿荫如盖，实在难以想象如何将它种植在深闺曲房中。后面的灌溉之法就更加离谱了。合欢树的“合欢”，实际上指的是其羽状复叶呈成双成对状，而且有夜合现象，即到了晚上叶柄下垂、叶片闭合，并非真指与男女合欢有什么关系。

不过，李渔有自己独特的逻辑，在他看来，“禽兽草木尽是有知之物”，人的感情与草木的感情又是可以互通的。比如他还说紫薇是痒痒树，既然会怕痒，就也会怕痛。别人看来荒谬的事情，他却认认真真说得信誓旦旦，不得不说这真是文人之痴，也恰是李渔的动人之处。

暑假的一天早晨，我在小区散步，忽见草地上有几朵合欢落花，轻盈盈、粉嫩嫩的，像昨夜一个柔美的梦，停留在今晨带着露珠的草尖。一阵无名的喜悦在我心里荡漾开来。人与草木的相遇相望，本就是纯粹美好、愉悦身心的啊。

鼠麴草

四月的一天，我在校园的草地上发现了一棵看上去很眼熟的草——淡绿的细叶，嫩黄的小花，粉白的茎干，清清淡淡、软软糯糯的。蹲下来细看，啊，这不是鼠麴草么！

鼠麴草和堇菜、点地梅一起，是我童年记忆中江南春天的颜色和气息。那时不知这叫鼠麴草，母亲管它叫“糯米草”，说是可以像蓬蒿（江南常州一带方言中把艾草叫做“蓬蒿”）一样做青团吃。

说来有点意思，我童年时很不接受艾草或鼠麴草做成的青团的味道，总觉得又苦又带有青草气，实在不理解为什么每到清明前大人总要做来吃，还一口一个“清香”。然而现在只要一说起“清明”两字，我却特别想念青团，想念那份独特的味道——就像我和小伙伴们在开满野花的地里打滚时闻到的风香，又像我蹲在长满青草的水渠边抓小蜻蜓时闻到的水香……其实，已经说不上来是对一种草的记忆，还是对食物的记忆，抑或是一种乡愁。

这些年在各地城市也曾见过“青团”，它们大多鲜绿碧亮、惹人注目，好看是很好看，但总有些绿得可疑，不是我记忆中真正的青团色。今年清明期间，我的中学同学在微信朋友圈里发了她自制的青团，我一看，多么其貌不扬而又亲切熟悉的暗绿色啊！这个颜色就对

1
—
2

1 平卧鼠麴草（*Gnaphalium supinum* L.），菊科鼠麴草属草本。2016 年 4 月摄于深圳大学城。

2 微距镜头下鼠麴草叶片上的茸毛。

了。艾草或鼠麴草做的青团，就是这种纯朴的样貌，平淡、踏实，又暗藏生机，像老百姓普通的日子的本来颜色。

有趣的是，看到家乡青团的照片后没几天，我就在深圳校园的草地上发现了鼠麴草。奇怪的是，校园的草地上仅有这一棵。自从发现它后，我几乎把校园的各处草地地毯式地搜索了一遍，也没能再找出第二棵来。这让我怀疑深圳或者广东是没有鼠麴草的。我在深圳生活十余年，也从来没有注意到野外长有鼠麴草。我发现的这一棵也许是鸟儿从远方带来的种子。无论怎样，这在我的植物观察记录中算是一个“新发现”。

然而查资料得知，其实鼠麴草在南方也是有的，比如广东潮汕地区的“鼠壳粿”（又叫鼠曲粿、清明粿），就是采来鼠麴草的嫩叶，用开水烫过后，与米粉、白糖等揉和均匀，做成糕团，再用各种花纹图案的模子刻上“粿印”，或蒸或煎而成。能成为民间传统美食，想来广东这一带的鼠麴草应该还不少。城市的发展大量侵占了本土野花野草的生存空间，这或许导致了我的少见多怪。

我这才想起来，在深圳也曾看到有妇女提着篮子卖一种看上去黑乎乎的点心，大概就是“鼠壳粿”了。下次看见了，可以一尝，看与家乡江南的清明味道是否相似，说不定也可以慰藉我泛滥的乡愁了。

不过说实话，以前就算知道那些糕团叫做“鼠壳粿”，也是不敢买来吃的，在知道“鼠壳粿”是用鼠麴草制成、而鼠麴草就是儿时认识的“糯米草”之前，我会被它名字上的“鼠”字吓到，以为是什么“黑暗料理”。其实鼠麴草和老鼠的确是有点关系的——其茎叶上长有一层细密的白色柔毛，古人联想到了老鼠耳朵上的茸毛，所以名其为鼠麴草或鼠耳草。“麴”字代表这种草与饮食有关。鼠麴二字，一个代表形象，一个代表功能，生动朴素。

在我的微距镜头下，鼠麴草的茸毛看上去丝滑柔润，质感很赞，如果叶子上再有一颗晶莹的露珠，画面就更美了。说起露珠，想起近日读到的有关鼠麴草的资料中，有一篇《中国国家地理》上的文章说，鼠麴草的味道不仅受人类喜爱，连蛰伏初醒的虫子也很喜欢呢，鼠麴草叶子茸毛上的露水是虫子饮用的“琼浆玉液”，名为“蚍蜉酒”。唐代段成式在《酉阳杂俎》中写，“蚍蜉酒草，一曰鼠耳，象形也”。“蚍蜉酒”，还真是风雅啊！

其实，我小时候在野地里玩的时候就已经注意到鼠麴草和它的这层茸毛了，只是那时我既不懂青团的滋味，也不知虫子的风雅，我的兴趣点是，用一种很微妙的力量去扯它的茎和叶，扯出那种茎叶已断但茸毛还相连的“藕断丝连”的感觉。天晓得我怎么会想出来这样的游戏的。哎，哪个植物爱好者童年时没有当过熊孩子呢？

向日葵

世上最令人震惊的事莫过于突然发现一直熟悉的事物竟是另外一番面貌。

按常识和习惯，如果要画一朵向日葵，一般先画一个大圆圈，外围画一圈花瓣，圈里横横竖竖画上格子。可不是吗？向日葵，我们从小画到大，从来都是这样画的。于是在我的固有印象中，葵花籽的排列顺序，大概也就是这样密密麻麻排在一个个格子里的吧。

然而，前些天，当我读到一些向日葵的诗歌，从网上搜索了向日葵的图片，盯着一张正面特写细细欣赏时，在一个恍恍惚惚的神秘瞬间，我忽然感到双目眩晕，仿佛整个人要被一个什么漩涡吸进去一样。

揉揉眼睛再看，天哪，我一直熟悉的向日葵，它的葵花籽（瘦果）排列顺序，或者说它的管状花（向日葵花序边缘为舌状花，不结实；花序中部为管状花，能结实）排列顺序，竟然是某种螺旋状的！

这个发现令我震惊。震惊的同时，又有一种似曾相识之感。这种螺旋，不是同心圆，它兼具扩散感和吸入感，既美丽诱惑，又神秘莫测。这种螺旋，我似乎从哪里见到过。

在百度中输入“向日葵”和“螺旋”，马上搜到了“黄金螺旋”。

难怪似曾相识，正是黄金螺旋，我在摄影理论中曾经见到过它，它还有个格调更高的名字——斐波那契螺旋。

“斐波那契螺旋”获名于意大利数学家列昂纳多·斐波那契（Leonardo Pisano, Fibonacci, Leonardo Bigollo，1175—1250）。这位数学家首先提出了一个有趣的数列——前面相邻两项之和构成后一项，如1，1，2，3，5，8，13，21……神奇的是，在较高的数字序列中，两个连续的数比值将越来越接近黄金比例（1.618:1 或 1:0.618）。

黄金比例大家都不陌生，这个比例具有高度的艺术性、和谐感，被全世界公认为是最能引起美感的比例。斐波那契螺旋正是基于斐波那契数列，由一系列圆弧连起来的线，其中每个圆弧都以连续的斐波那契数为边长的正方形对角线为端点。蕴含着黄金比例的斐波那契螺旋，既能给人带来“黄金”视觉的愉悦感，又是一种在动态中趋向于平衡、和谐的线条，被认为是线条中的线条，是美的极致。

前面说了，我在摄影理论中遇见过斐波那契螺旋。没想到在植物领域又遇见了它。所谓“登高望远，山水无界”，美的外在形式千千万万，内在规律却有着惊人的简单和一致。摄影中对斐波那契螺旋的应用，可以布列松为例。布列松在二战刚结束时拍摄了一幅名作《叛徒的审判》。这张照片中人物很多，看似繁杂，但主旨表达得十分清晰。何以如此神奇呢？如果我们为这张照片画上斐波那契螺旋，秘密就揭开了——事关审判的主要人员被包拢在螺旋线中，两位主角一个在黄金螺旋的起点，另一个在抛向无穷的延展线上，形成了一个按“黄金”视觉旋转的流动线条，使得画面既富于变化，又有某种无形的秩序感。奇妙的构图，让人的视线不由自主地集中到这两个点上，又在两者间切换，产生无限想象。

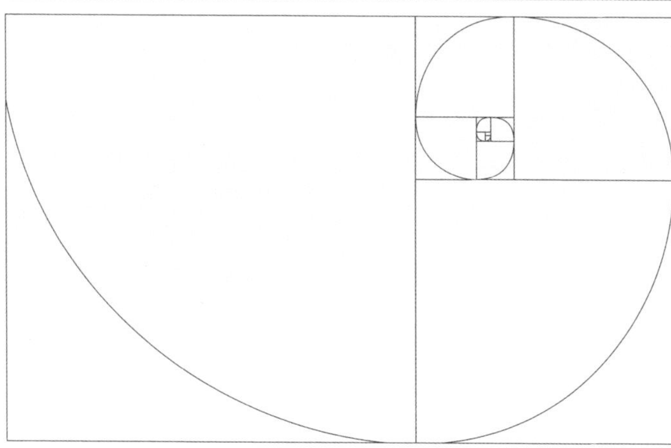

1
—
2

1 向日葵（*Helianthus annuus* L.），菊科向日葵属一年生草本。

2 斐波那契螺旋。

同样，向日葵的管状花完美地演绎了这种黄金螺旋。我又发现，其实很多植物的花、种子的排列都是遵循这个规律，还有海螺，甚至宇宙中的星系，都可见斐波那契螺旋。可以说，小到微观世界，大到宏观宇宙，到处都存在着这个神秘的螺旋。

看了这些，不得不让人惊叹，我们身处的这个世界，难道不是按照精确的计算和艺术的表达设计出来的吗？设计者又是谁？真叫人不明觉厉，细思极恐。

当然，科学研究告诉我们，这一切或许是可以解释的。比如对于像向日葵这样的植物来说，斐波那契螺旋能够尽可能地使管状花紧密地排列，使花朵收集阳光的能力最大化，并在有限的空间排列最大数量的种子；这种螺旋也能保证叶与叶之间不重合，每一片叶都能从空隙获得阳光，是叶片采光面积最大的排列方式。所以，斐波那契螺旋是植物在进化过程中积累下来的生长经验。

说回向日葵。自从发现了斐波那契螺旋，向日葵在我眼里变得不一样了。电影《寻龙诀》中雪莉有一句台词说得好，决定你看见什么的，不是你的眼睛，而是大脑。以前，我看到了它的明亮灿烂、积极乐观；现在，我还看到了它身体中蕴藏着的黄金比例，看到了与宇宙中的星系有着惊人相似的螺旋，伟大瑰丽，平衡和谐，是力量，是大美。

每一朵向日葵，我看见，它真的是一个小太阳。

1
—
2

1 布列松作品《叛徒的审判》。

2 蕨类植物的新芽卷曲成斐波那契螺旋。

1
—
2

1 海螺的斐波那契螺旋。

2 星系的斐波那契螺旋。

半边莲

爱上博物学是有风险的。比如，我在户外进行自然观察时，常常会进入一种忘我的境界，如果发现某种没见过的花草，或者跟随一只鸟、一只蝴蝶，不知不觉就踏进了危险之境——南方热带荒草丛。偶尔回过神来，耳边悉悉索索，顿觉草木皆兵，不免吓出一身冷汗，只得仓皇逃离。南方多蛇虫。不过，大自然真是神奇，它既充满了危机，又给自己制造的危机配置了种种“解药”。有一种叫半边莲的神奇小野花，就是一味“解药”。

中国古代老百姓很早就知道，半边莲能治蛇毒，而且能破解烙铁头、蝮蛇、银环蛇等蛇的剧毒。据《本草纲目》记载，“治蛇虺伤捣汁饮，以滓围涂之”。不少民间药草记录都有半边莲治疗毒蛇咬伤的实例。半边莲不仅能治蛇毒，还有驱蛇的功能，据传凡是有半边莲生长的地方，毒虫均退避三舍。故民间有谚云：“家有半边莲，可以伴蛇眠。”

半边莲喜欢生长在水田边、沟边及潮湿草地上，仅有几厘米高，花淡紫色，花香浓郁，似有一股药味，花型奇特，五片花瓣均偏在一边，仿佛一朵迷你的莲花被人扳去了一半。人们惊诧于半边莲的神奇形态和驱毒疗效，便流传着半边莲是半个观音莲花座的传说。观世音菩萨见蛇蝎毒害生灵，便大发慈悲，扳下半个莲花宝座扔到凡间，化为半边莲，以普度众生。现代医学则从科学的角度解释了半边莲的药用机理，据《中国植物志》记载，半边莲含有多种生物碱，具有清热解毒、利尿消肿之效，能治毒蛇咬伤、肝硬化腹水等。

既然从古至今半边莲都被认为是蛇毒的克星，在户外进行自然观察时，若要踏入林地草丛，我会先找一找有没有半边莲，如果看见那一朵朵小花，我就多了探险的勇气，而且这份勇气是基于知识的理性的勇气。这让我感到愉悦和自豪。

说到勇气，的确，走进自然需要勇气。因为自然并不都是美好的，它既美丽又凶险，如果一个人爱好博物，那么不仅要能够跋山涉水，忍受风吹日晒，还要对付蜘蛛蛇蝎，甚至克服很多难以想象的困难。真正的博物学家值得敬佩，因为他们拥有超凡的胆识、毅力，以及从与自然的相处中获得的朴素而卓越的智慧。

半边莲（*Lobelia chinensis* Lour.），桔梗科半边莲属多年生草本植物。2014 年 5 月摄于深圳大学城。

牵牛花

一直以为牵牛花就是童话里可爱而勤劳的小喇叭，是身边最亲切而普通的花，但前些日子读岭南雅士沈胜衣的《书房花木》，得知牵牛花在日本称为“朝颜”时，我被这个名字惊艳到了。

朝颜，顾名思义，清晨之容颜。牵牛花开花很早，天空微亮时就在清冷的晨曦中展露了芳华，然而到了中午，它便开始黯然卷缩。日本人崇尚短暂而绚丽的生命，在日本人看来，朝颜与樱花一样，是生命的最高形式，美得极致。

日本文学中常出现牵牛花，著名的有志贺直哉的《牵牛花》，写的是晚年恬淡的情致和思绪。大概人到年老时最易感叹生命之短暂，对季节和物候也最为敏感，但作品读来是哀而不伤的，安安静静、平和冲淡，像小津安二郎的电影，这是日本人精神世界中动人的一面。最喜欢的是俳句诗人与谢芜村的句子，“牵牛花，一朵深渊色”，仿佛看到了生命的最深处，意蕴无穷。

中国古典文学中也有感叹牵牛花美丽而短暂的诗句，只是以前没太注意。比如，宋代宝昙和尚《见牵牛花有感》云，“篱落牵牛又著花，摘花心在鬓先华”，看到篱笆上的牵牛花又开了，想摘朵戴戴，只可惜心未老鬓已霜。林逋《山牵牛》写道，“天孙滴下相思泪，长向秋深结此花”（也有人认为这首诗是文与可所作），说牵牛花是织女（天孙）的相思泪所化，白石老人从这首诗延伸开去，画了一幅牵牛花，题画曰：“用汝牵牛鹊桥过，那时双鬓却无霜。”那时双鬓却无霜，虽然今日也有花，却也已非昨日花。人到晚年，思及过往，不免凄清。这些诗句，读来都是牵动人心的。

对我来说，牵牛花并不陌生，然而我不得不感叹，这些与牵牛花有关的日本文学或中国诗词，我竟然现在才发现，发现它们如“深渊”般的美。我想，也许这就是缘分到了吧。

近来，我发现校园河滩的荒草地里野生了几丛牵牛花，藤蔓缠绕，裂叶如枫，花朵天蓝色。我喜欢清晨无事时坐到河边，看它们渐渐褪去娇艳的容颜，感喟刹那芳华。周末的早晨，带着五岁的孩子到校园玩，走到河边又见着了天蓝色的牵牛花。孩子兴奋地跑过去摘着玩，当小喇叭吹，我走上前去，想说点什么，却又感觉无从说起。顺其自然吧，一个年龄段做一个年龄段的事。当我还处于无忧的童年或者蓬勃的青年时期，我看到的也是热闹可爱的小喇叭，而不是刹那芳华的朝颜。只有当我拥有了一些人生阅历和思考，当自己的生命到了那个坎儿上，自然会与“朝颜”相遇。

1 校园河边野生的开天蓝色花的裂叶牵牛。裂叶牵牛（*Ipomoea nil* [Linnaeus] Roth），旋花科番薯属攀援草本植物。2014 年 10 月摄于深圳大学城。

2 开玫红色花的圆叶牵牛。圆叶牵牛（*Ipomoea purpurea* Lam.），旋花科番薯属攀援草本植物。2015 年 10 月摄于天津七里海。

3 开深紫色花的圆叶牵牛。这种颜色是不是更有“深渊色”的感觉？2015 年 10 月摄于天津七里海。

1
2
3

石榴花

因为有“拜倒在石榴裙下”这样的典故，每次看见石榴花时，我总要驻足凝视遐想一会儿。如若眼前火红的石榴花铺展开来，飘逸起来变成石榴裙，会是什么样呢？穿着石榴裙的女子，又会是怎样的风流仪态呢？

用“火红”来描述石榴花，其实并不是很精准，比如南方常见的凤凰花，也是五月华丽盛开，也可以用火红来形容，但两者红的感觉并不相同。凤凰花的红铺天盖地，红到极致，有一种奋不顾身燃尽自己的悲壮美；而石榴花的红，则灵动妩媚得多，比大红轻盈，又比橙色浓烈，像跳动的火苗，透着一股娇俏风流劲儿。喜欢穿石榴裙的女人，该是多么鲜丽夺目、千娇百媚、撩动人心啊。

能够想象，当杨玉环身着石榴裙翩翩起舞时，唐明皇为何会沉醉其中懈怠朝政。红颜祸水，大臣们痛心疾首又不敢指责皇帝，便迁怒于杨贵妃，对她拒不行礼。杨贵妃不高兴了，就向皇上撒娇告状。唐明皇就下令，所有文官武将，见了贵妃一律要行礼，谁不执行就是欺君之罪。群臣无可奈何，以后凡是见到杨玉环走来，无不纷纷下跪，

火红的石榴花。石榴（*Punica granatum* L.），石榴科石榴属落叶灌木或小乔木。2014 年 3 月摄于深圳大学城。

“拜倒在石榴裙下”。典故由此而流传。

从史料来看，石榴裙并非唐代才有，但也许因唐代繁荣强盛风气开化，石榴裙得到了前所未有的发扬光大，成为女子服饰的“流行爆款”。除了杨贵妃爱穿石榴裙，上至贵族仕女，下至青楼女子，衣橱里总有一条石榴裙。唐代画家周昉画的《簪花仕女图》，画中美人穿着石榴裙；白居易在《琵琶行》中写琵琶女“钿头银篦击节碎，血色罗裙翻酒污”，“血色罗裙”也是石榴裙；一向视觉宏观如仙人的李白，也注意到了石榴裙，曾写下“移舟木兰棹，行酒石榴裙”这样的诗句；甚至一代女皇武则天，也曾赋诗“不信比来长下泪，开箱验取石榴裙”。

唐代传奇小说中的名妓霍小玉、李娃也穿石榴裙。从《霍小玉传》中的描写，我们可以窥见当时的美女是如何穿着和搭配的——“着石榴裙，紫祛裆，红绿帔子”，也就是说，穿着石榴裙，配紫色的罩袍、红绿色的披肩纹巾。石榴花色，配紫、红、绿，红绿反色，石榴花色为暖色，紫色为冷色，又互为撞色，这个配色可谓十分大胆热情，不是颜值高肯定撑不起来。有兴趣的朋友们可以用彩笔画一下，看看是什么效果。当然，这一组配色中，亮点无疑是那条石榴裙，无数风流在其中。

石榴裙真是一款强大的裙子，就像不会过时一样，一直流传到明清。《红楼梦》里“憨湘云醉眠芍药裀，呆香菱情解石榴裙”也有描写。1987 版电视剧拍出来，香菱身着石榴裙与其它女孩子们围坐一

簪花仕女图。图片来源于网络。

圈斗草，最醒目的就是她了。香菱的石榴裙被弄脏了，贾宝玉心疼得不得了。

在中国服装史上，估计能像石榴裙这样视朝代变迁沧海桑田为等闲的，也没多少。就算到今天，哪位美女要是穿一身石榴色的裙子，就更加明艳动人，是众人视线的焦点。女星范冰冰大概深谙此道，在近年的两部大作《武媚娘传奇》和《王朝的女人·杨贵妃》中，不管剧情怎样，身穿石榴裙的范爷一亮相，那真是惊艳啊，范迷们又要纷纷拜倒了。

不管现实中穿不穿，很多女孩子其实也都曾喜欢过一条红色的裙子吧。

1987 版电视剧《红楼梦》截图。

猪屎豆

猪屎豆，这个名字很不斯文，我猜这应该是它的诨名，就像以前的农村娃儿叫做“狗剩”。几年前在深圳东部海滨的坝光村第一次见到这种植物，它们开着一串串淡黄的花，爽爽朗朗地生长在路边野地里，在阴郁的天气里让人觉得豁然开朗、心情舒缓，我便暗自叫它们“黄色的薰衣草”。

因为也算个植物迷，我时常看一些图谱，某天就看到了“黄色的薰衣草”，可仔细一看注解——猪屎豆，简直让我大跌眼镜。不愿相信，便去查《中国植物志》，却更加确证了猪屎豆就是学名，而且植物界还专门有一类是豆科猪屎豆族猪屎豆属植物。无奈，只能认了这个很“猪屎”的名字。

巧的是，校园河滩的荒地里长了几丛猪屎豆，经过近距离和连续观察，我又认识了它开花后结的豆子。机缘巧合，又读到了十九世纪美国哲学家、自然主义者梭罗的一些文字，我终于明白“猪屎豆”的妙处了。

1
—
2

1 秋日里色彩明朗的猪屎豆植株。猪屎豆（*Crotalaria pallida* Ait.），豆科猪屎豆属多年生草本或直立矮小灌木。2015 年 12 月摄于深圳大学城。

2 猪屎豆。2014 年 10 月摄于深圳大学城。

梭罗是这样写的，一个秋末，他“在收完麦子的地里踩到什么咔咔作响，这一来就发现猪屎豆了”，于是整个冬天，他“就很注意听那些种子在豆荚里咔咔响”，他觉得这声音“就像印第安人腿上戴的饰物那样，又像响尾蛇的声音”，“说不定那些吃猪屎豆的动物也是靠这种声音发现它的”。梭罗还推测，猪屎豆被脚踩碾后能发出特殊的臭气，也许动物们闻着这种特殊臭气也能找到它们。

我被梭罗的这段描述打动了，猪屎豆是多么纯朴而有趣的植物啊。豆荚里奇怪的声音、提醒动物们找到它的臭气，充满了大自然中野性勃发的生机，是一种迷人的自然的力量。相比较而言，仅从花儿想象它是“黄色的薰衣草”，则显得书呆气极了。

梭罗还启发我，欣赏植物，不仅要懂得赏花，还要去欣赏植物的叶片、根茎、果实、种子；走进自然，不仅要用眼睛看，还要将自己的听觉、嗅觉、触觉，甚至味觉全部打开。于是，自然的灵光闪现。

猪屎豆，生荒山草地及沙质土壤之中，全草可入药，有散结、清湿热等作用。

露兜树

一次偶然的机会，在网络上看到有人讨论日本动漫《海贼王》里林林总总的“恶魔果实”分别是现实中的什么果实，不经意间就看到了前几年尝过的一种从未见过的奇葩果实——露兜。

那是几年前的事了。某天，同事在深圳东部海滨的野地里摘得了一个“怪物”，据说是野菠萝，可以吃。这只家伙看上去比篮球还大，浑身长满了“裂变”形结构，裂纹、斑点、多头、橘红色，密密麻麻聚在一起。同事说好多人都吃了，问我敢不敢尝尝，我围着这只怪物看了一圈，有点发憷。但又想，毕竟是个果实，怕什么，来了广东就要尝尝本土特产，于是鼓起勇气掰下一块。其实，恶魔果实一点都不好吃，味道寡淡，毫无特点。

倒是它的样子让我难忘。说实话，这家伙长得真叫人心里发毛，热衷于研究“恶魔果实”的人们为它标注了植物学信息——露兜。与露兜同处一个行列的还有番荔枝、桑橙、木通等，这些果子大多有一个共同特点——容易引发密集恐惧症，或者引起其他不适反应。

出于对“恶魔果实”的好奇，我查了查露兜树。露兜树是分布于热带沿海地区的树种，属单子叶植物纲露兜树目露兜树科，常见的有露兜、红刺露兜等。野生的露兜树一般生于海边沙地，现在南方城市的绿化带等也常有引种。露兜树常呈灌木或小乔木状，叶片坚硬如革，叶缘有齿，锐利如锯，结聚合果，果子先是青绿色，成熟后转为橘红色，远看像菠萝。

露兜树虽然长得一副“邪恶”的模样，可它浑身都是宝，中国南方沿海的老百姓早就发现了它的实用价值，比如根据《中国植物志》，它的叶纤维可编制席、帽等工艺品，嫩芽可食，根与果实入药，有治感冒发热、肾炎、水肿、腰腿痛、疝气痛等功效，鲜花可提取芳香油。

据说某种叫做“滴血莲花”的佛事法器也是由露兜加工而成的，将露兜果实去肉、细抠、打磨、精雕，做成莲花形状。该法器摩挲后鲜红如血，鲜红欲滴，是信佛者难得的信物。这有点意思，如果“恶魔”们经历一番打磨，脱胎换骨，最后皈依了佛教，倒也是至善至美的。

我生活的校园也有露兜树，从五六月份发现它们已经结出了像苹果那么大的果实后，我就不定期地在观察它。遗憾的是，一直到十二月份，整整长了半年多，果实才只有中等个儿的菠萝那么大，而且周身还都是绿色的，毫无变黄变成熟的迹象。不知道哪天“恶魔”才能出世啊，我还想试试将它们打磨成“莲花”呢。

红刺露兜树，中国在线植物志标注其正名为“扇叶露兜树”（*Pandanus utilis* Borg.），露兜树科露兜树属多年生有刺灌木。2015 年 6 月摄于深圳大学城。

葱兰

葱兰是瘦花。在我看来，花也有胖瘦之分，环肥燕瘦，各有各的美。比如牡丹、玉兰，一派富贵华美的气象；而紫露草、葱兰，则姿态纤弱，自有另一番消瘦风流的韵致。

葱兰叶瘦。有人说，葱兰之所以叫做葱兰，因为它的叶特别像葱。葱也有大葱小葱之分，更确切地说，葱兰的叶更像江南小葱。大葱粗犷壮硕，是北方人的豪情，而小葱纤细清秀，是江南人的精致。葱兰花瘦。细细的一支花葶，从暗绿色的叶丛中抽出，顶上开着白色的小花，六片薄薄的花瓣围在一起，中间是嫩黄色的花蕊，像身着素衣的纤瘦姑娘，默默地在人群中，文静清雅，不爱说话。

葱兰是南方多见的园林绿化植物。我所在的校园多处有葱兰。葱兰不开花时，我几乎完全注意不到它，因为它实在是平凡得让人不知是“哪棵葱哪棵蒜”。然而在夏秋季节，我若是走到池塘边，视线稍微低一点，绕过灌木丛，就看到那一支支洁白的小花了，它们笑盈盈地开着，我觉得它们像水一样，是有灵气的；若是走到哪栋楼的台阶前，不经意间一瞥，也见到星星点点的小花了，它们朝一个方向略微

葱兰，中国在线植物志标注其正名为葱莲（*Zephyranthes candida* [Lindl.] Herb. ），石蒜科葱莲属多年生草本植物。2014 年 6 月摄于深圳大学城。

倾斜，像是齐刷刷地在向你打招呼；或者少有人去的大树底下，有时候也会野生几株葱兰，开着几朵小花，使劲地向天空仰着脸，文弱而又倔强的样子。

细想起来，似乎我从未认真地将它作为“花”来欣赏，也从未盼过它花期的到来，却在不知不觉间记住了每一次与它心有灵犀般的相遇。我喜欢这种淡淡的感觉，没有浓墨重彩，相忘于江湖。葱兰的这种散逸性情，倒是兰花调十足的。

说葱兰有“兰花调”，是因为葱兰实际上不是兰科植物，而是与蜘蛛兰一样属于石蒜科植物。

不过，葱兰也不总是一副孤零零的清瘦模样，当它们得了天时地利，突然间开成一大片的时候，也能瘦得很有气象。用文字和摄影追寻自然灵光的重庆女孩涂昕在散文集《采绿》中写道，“这花儿（葱兰）单看貌不惊人，然而天地之神大手一挥，它们就洋洋洒洒开得四野亮光闪闪”。

的确如此，校园门口那一大片葱兰开花的时候，把四周都照亮了，亮堂得连南方浓绿的空气仿佛都稀释了。让瘦花拥有如此景象，也就天地之神有这般大手笔了。

爬山虎

在南方，进入秋冬以后，爬山虎一天比一天好看。

以前读叶圣陶先生的散文《爬山虎的脚》，知道了爬山虎的脚非常厉害，还记住了里面“一阵风拂过，一墙的叶子就漾起波纹，好看得很”这样美丽的句子。也曾在北方或者江南不禁意间邂逅那一墙绿，于是在夏日欣喜地享受浓荫下的清凉。然而到了广东之后，我在夏季几乎是注意不到爬山虎的。或许是南方夏季绿色太浓稠了，爬山虎被淹没其中难以出挑。也或许是南方湿热之气太重，见着匍匐覆盖状植物，更觉热得密不透风，也就无心欣赏了。但进入秋冬以后，我就容易注意到爬山虎了，而且可以时不时去看一看，很有看头。

先是看它叶色的万千变幻。爬山虎新长出来的嫩叶是粉红的，随着叶片的长大，中间的绿色越来越多，红色渐渐褪到叶子边缘，像一圈暗红的工笔勾边。再下去，就全是油亮亮的绿色了。天气一转凉，那些绿色的叶子又悄悄地染上了红。这时候的红与最初的嫩红不一样，像饱蘸了浓墨的晕染。红色与绿色交织、渐进、过渡，互相抗衡、融汇，在矛盾中造就叶色之美。都说南方四季少有变化，其实也有变化，只是这变化在不起眼处，在更细微处。

风一吹，爬山虎的叶子就开始掉落了。再往后，不知哪天起，藤上漂亮的果实就露出来了。作为葡萄科植物，爬山虎的果实的确像小小的野葡萄，果柄红彤彤的，果实是诱人的深紫色，表皮覆盖着一层白霜，用手一捏，里面是丰盈的桃红色汁水。

我的经验是，这样的果实富含花青素和糖分，如果它没有毒的话，一定是上品水果。上网一查，很多人都对爬山虎的紫色浆果垂涎欲滴，有人大胆尝试吃了几颗，说味道是浅淡的酸甜，但后劲比较麻涩，于是告诉大家，浅尝辄止尚可，大概不能多吃。想来也是，又好看又好吃，怎么会没有人吃呢？不过，造物主也不会白白浪费这么美妙的果实，爬山虎的浆果是很多鸟类的美食。这多好，留给鸟儿们吃吧。

等爬山虎的叶片掉得差不多了，果实也要么被鸟儿吃了，要么被风吹干了，那么，爬山虎最美的时候来了。因为一切的色彩啊、掩盖啊，都没有了，赤裸裸地露出了干枯、扭曲、苍劲的藤，还有夏天像“蛟龙的爪子”一样矫健的脚留下的斑斑足迹。藤是单纯的线，足迹是单纯的点。线和点构成的画面，像吴冠中先生的画，脱去了具象，只寥寥几笔，却是岁月的流逝的共鸣。“流光容易把人抛”，流光看不见、摸不着，只留下枯藤残叶、墙上斑驳。南方一切都是人间春色，

诱人的爬山虎浆果。异叶爬山虎（*Par thenocissus dalzielii* Gagnep.），又叫异叶地锦，葡萄科地锦属。2012 年 10 月摄于深圳大学城。

似乎少有此番令人对流光产生感慨的景象，这时间之画，也不知有几人能停下来看？

人不停，岁月更不停。过不了多久，粉红的嫩叶就又冒出来了。

艳山姜

一天，广东同事兴冲冲地与我分享在校园里摘得的野果。果子用大片绿叶包着，打开包裹，里面是几个流淌着白色乳汁的人心果。我对人心果不感兴趣，它们太甜。我特别喜欢那几张包裹的叶子，只那么一卷一包，就特别有温暖而淳朴的人间烟火味儿。仔细一看，正是油绿的艳山姜叶子。

这让我想起曾在书上看过，艳山姜的叶子本就是可以做食物的垫子、裹子的。台湾美学家蒋勋在《此时众生》中写，“民间常用月桃（艳山姜）的叶子包粽子，也用来衬垫在新蒸好的米粿下面；米谷的香气中就渗透着叶子一整个夏日阳光雨水的辛辣芬芳”。

我没有尝过艳山姜的叶子包的粽子是什么味道，但是透过蒋勋的文字，我仿佛闻到了天地间的自然芳香。这种芳香源自人们对草木的敏锐感知和相依相存，以及由此形成的与季节、物候息息相关的生活方式。这种生活方式令我神往。

问广东同事，现在是否还保留着用艳山姜的叶子蒸米粿的习惯。

他回答，只偶尔，不太多了，现在很多老习俗都不过了，那些太费事。是啊，老习俗总在不断地被刷新和更替，以后就更少有人知道了。

蒋勋唤艳山姜为月桃，民间还常叫它玉桃。月和玉音近。玉桃之名非常形象，艳山姜花没开之前，花苞就像一个个白嫩而瓷实的小桃子，小桃子顶端还有一抹淡淡的红。大约中国古人非常喜欢这将开未开之际的状态，便将其取名为玉桃。西方人的审美与中国的矛盾辩证美学不同，他们更加关注和喜爱其花盛开时的容颜——像一只贝壳，吐出鲜黄色的唇，唇上染着红色的斑纹，并称之为贝壳花。

其实，艳山姜盛开时还不光是露着长长的唇舌的“贝壳”，我好几次都观察到，那唇舌上还流淌着透明的黏液，也许散发出了极具诱惑性的气味，虫蚁奔忙其中。这样的情景，蒋勋想到了生物界的欲望，“欲望如此真实，欲望活着，欲望交配，欲望传延生命”。因为“她显露出太直接的欲望本质”，被归为艳俗之花。

艳俗之花注定成不了高雅的瓶中插花，但它“沾带饱含着大地日月山间的活泼”，它泼辣率性、接地气，于是民间喜欢它，把它做在食物里面。

艳山姜秋季结子，其子橙红色，外表有棱，如一个个迷你灯笼。我曾忍不住好奇摘一个下来，闻之有淡香，在掌心搓之，香味更浓。

艳山姜（*Alpinia zerumbet* [Pers.] Burtt. et Smith），姜科山姜属草本植物。2014 年 5 月摄于深圳大学城。

紫茉莉

我家阳台上种了紫茉莉，现下开得正好。然而这花只在傍晚才开始开放，白天都是睡着的，而且每一朵花只开一次，今晚开过的花，明早一准凋谢了。这样的一期一会，倒让我想起朝颜（牵牛花）。恰巧我家阳台上又种了朝颜，这一早一晚相交映，倒颇有些近在咫尺却永远无法见面的悲伤美。与朝颜对应，兴许紫茉莉也有个文艺的名字，比如“夕颜”。查知这天底下的确有叫做夕颜的花，却并非紫茉莉，且按下不表。说说紫茉莉。

紫茉莉是小时候在江南老家见得很多的花，印象中墙角跟总会有那么一大丛，和凤仙花、月季花、美人蕉在一起，点缀着白墙黛瓦，构成了江南农家纯朴而别致的风情。那时候不叫它紫茉莉，只叫它“潮来花”。听老人说，它开花的时辰与潮起潮落的规律有关。不知这样的解释是否科学，却依稀记得看到满株都开着小喇叭一样的花时，耳畔响起大人的呼唤声，“涨潮了，别再去河里游水了，回家吧”。还有紫茉莉黑色球形的种子，儿时常当做“手雷”互相砸着玩儿。

看了图谱，知道了紫茉莉就是儿时记忆中的潮来花。知道了紫茉

紫茉莉（*Mirabilis jalapa* L.），紫茉莉科紫茉莉属一年生草本植物。2015 年 7 月摄于深圳市南山区。

莉这个名字，又将它与读过的书中对紫茉莉的描绘联系了起来。我有一个体会，当我在书中读到没见过的某种植物时，我很难在脑海中构成具体的想象，也就会轻易忘记；但如果我知道这种植物，又正好在文学作品中读到它时，我会有一种遇到老朋友的欣喜，植物的颜色、形状、气味从书中跃然而出，这样的体验是美妙的。比如在《红楼梦》中，在写到“平儿理妆”时，写姑娘们擦脸的粉和胭脂，用的是玉簪花的花棒装的粉，这粉也不是铅粉，而是“紫茉莉花种，研碎了，兑上料制的”。铅粉虽然美白效果好，但是用多了有毒，这紫茉莉花种就不一样了，是纯天然植物配方的高级化妆品。

得此秘方，心中暗喜，想着等阳台上紫茉莉种子成熟了，也碾磨一些试用。仔细研究却发现，原来这粉儿并不如此简单，除了紫茉莉花种的粉末，还需要将碎珍珠、金箔、银箔、麝香、龙脑香等多种贵重原料以及朱砂研成细末，与紫茉莉的白粉兑到一起，再把成品灌到将开未开的玉簪花花苞中，盛在宣窑瓷盒内，经过如此细致繁复的工序，才能成为“轻白红香，四样俱美，扑在面上也容易匀净，且能润泽，不像别的粉涩滞”的上等护肤品。

罢了，这样奢侈的擦脸粉儿还是留在红楼梦里吧。对于我这样的普通人来说，“潮来花”已足够美好。

写完此篇夜已深，走到阳台呼吸新鲜空气，紫茉莉在夜色中正开得娇艳，散发着阵阵幽香。

铁冬青

是鸟儿指引我看到了铁冬青那诱人的红果。

这是校园中僻静的一条路，两边长满了竹子和澳洲鸭脚木，配以低矮的龙船花。我经过时，树丛里窸窸窣窣的，枝叶被压得上下跳跃，我知道一定是鸟。南方进入秋冬季后，本土留鸟和北方来的候鸟在此聚会，到处都是鸟。我憋住气，悄悄走近，鸟儿们却得知了最微妙的信息，扑啦啦像风一样飞走了。松一口气，定睛一看，一颗颗闪着珊瑚般光泽的小红果挂在枝头，掩映在浓绿油亮的树叶中。原来这里还有一棵铁冬青树。铁冬青的果子红了。

在满目绿色中遇到这样精致的小红果是令人欣喜的，这是多么美丽的红果啊，我想起梭罗在《野果》中写的，野生的冬青果“红得像酒鬼的眼睛”，“也许在所有的浆果中，这是最美的一个——细长的纸条上长满精致的叶子，冬青果就挤在这些叶子里，摇曳在枝头”。我相信梭罗的感觉，它们应该是最美的浆果，就像是鸟儿们飞走时，把灵性留在了枝头。

1
—
2

1 一只白喉红臀鹎在啄食铁冬青的红果。2014 年 12 月摄于深圳大学城。

2 铁冬青红果。铁冬青（*Ilex rotunda* Thunb.），冬青科冬青属常绿乔木。2014 年 12 月摄于深圳大学城。

和爬山虎、海芋诱人的浆果一样，铁冬青的红果也是人类不食用或不可食用的，但它们是鸟类的美食。这犹如上天特意的安排。对自然的观察总会让我想到自然界中万事万物的相互联系，其精密巧妙令人敬畏。

在网上看到了一些铁冬青红果的摄影，大多果实累累，红果密密麻麻、层层叠叠缀满枝头，有的甚至是满树红果，几乎没有绿叶，映得四处红光一片，那是植物在秋冬的狂欢，是民间热闹喜庆的色调，但我觉得都不如我在校园中看到的那一枝惊艳——果实不多，却格外洒脱，也许是鸟儿的轻盈给我了这样的暗示。

也有让我心动的照片，比如白雪覆枝后的铁冬青红果。背景虚无，色彩极简，纯净的白雪，欲滴的红果，冷而艳，仿佛静谧天地中一声声的心跳，是极美的。广东没有下雪天，无缘看到这样的铁冬青红果。如此美景，留待念想吧。以后若是冬天往北走，我想我应该会留意到铁冬青。

虽然上天将美丽的红果分给了鸟类，却把铁冬青身上其他的妙处给了人类。铁冬青是植物中的“药王”，根和树皮具有清热解毒、消肿止痛、祛风利湿等功效，民间称之“救必应”。

杨桃

校园里池塘边有几棵杨桃树。树不高大，开花结果却很勤勉，在我的印象中，从春天到秋天一直有花，而从夏天到冬天则一直有果。这是很多热带树木的性格，一年四季花果交替，仿佛永不疲倦。

这几棵树，虽说不上硕果累累，结的果子也不少。杨桃挂在树枝上，生一些的偏绿，熟一些的偏黄，黄绿都特别清爽，个个玲珑剔透。

杨桃切片以后特别像童话中的星星，英文名 star fruit，其实，如果看一看挂在树上的杨桃，你会被它清新的灵气折服——切片盛在水果盘里的杨桃有星星般的形状，却远不如枝头鲜活的杨桃那样，能发出如星星般的光芒。

杨桃在枝头闪着光，不过，就算是每天都经过此路的人，也未必就曾经注意过它们，因为杨桃的颜色与树叶特别接近，黄中带绿，绿中有黄，而无论是树叶还是果子，从某个角度看，都微微有个漫不经心的弯儿，于是一眼看去就是一片黄绿掩映带着俏皮画风的色块，要

1 被鸟类啄食过或被别的小动物啃食过的杨桃。2012 年 3 月摄于深圳大学城。杨桃，正名为“阳桃”（*Averrhoa carambola* L.），酢浆草科杨桃属常绿小乔木。

2 被鸟类啄食过或者被别的小动物啃食过的杨桃。2012 年 3 月摄于深圳大学城。

1

2

是没有一点敏锐的洞察力，往往熟视无睹，只能与它擦肩而过。

孩子的洞察力惊人，他们发现了树上有杨桃。三五个小孩一拥而上，每个人的手里很快就有了一两只小杨桃。“这里还有一个！”“这里也有！”孩子们扬起的小脸上充满了纯粹的愉悦，眼睛里闪耀着星星般的光芒。这令我想起了最近正在读的梭罗的《野果》，梭罗认为，采摘野果“自娱自乐”、“快活自在”，而“成为商品的水果不但不如野果那样能激活想象力，甚至能令想象力枯竭萎缩”。

虽然校园的树上结的果子称不上真正的野果，但至少不是为了去市场上卖。因为没有被当做交易的水果而精心培育，这些杨桃吃起来也许会很酸涩，但在“野外”发现它们并动手去采摘它们的乐趣，绝不是从商店购买所能比拟的。梭罗打了一个绝妙的比方，你可以用钱买到一个奴隶或奴仆，却永远买不到一个朋友，对果实也是如此。

出于对“快活自在”的欣赏，我没有喝止孩子们的采摘。只是到后来看他们毫无停下的意思，我编了一个童话般的理由让他们离开了。我说，别都采光了，留一点杨桃，留给鸟儿们吃吧。孩子们很喜欢这个停止采摘的理由，也许他们觉得，能与鸟儿一起分享大自然赐予的食物，那也是多么快活自在的事儿啊。

苍耳

秋天，孩子们摘下苍耳做游戏，而苍耳也冒险地借助这场游戏完成自己的使命。

苍耳是八十年代在农村长大的孩子们难忘的童年记忆。在我的印象中，一到苍耳成熟的季节，男孩女孩们整天都在“打仗”。先是储备弹药，弹药就是浑身长满刺的苍耳。一头扎进草丛中，直到“弹药”装满了口袋，心里就不慌了。接下来是各种战略战术的交锋：

有正面交战的，两帮人直接用苍耳互相投掷，那场面堪称枪林弹雨。

有背后偷袭的，趁对方不注意一把拖住其后背衣领，把苍耳灌进衣服里去。

有暗中布雷的，潜入对方“营地”，把苍耳装进文具盒、书包，或者放在凳子上等人来了一屁股坐下。

还有惨烈的肉搏战，逮到“敌人”后将其按倒在地，抓一大把苍耳揉到他（她）头发上。苍耳一旦缠上头发就很难摘，这位伙伴保准弄得蓬头垢面风度尽失，心理脆弱一点的当场就哇哇大哭了。

有苍耳的童年是多么可恶而美好啊！但对于苍耳来说，它们可不是在玩游戏，事实上，它们正在进行一场生命的旅行——借助孩子们恶作剧的游戏，让自己走到远方，寻找合适的土地，静静地躺下，等待来年新的萌芽。这个过程是一场冒险，旅途中充满了不确定性，但种子的信仰具有伟大的力量，它们中的一部分终将神奇地完成使命。

与童年的“苍耳大战”一样，苍耳的冒险之旅同样令我着迷，用梭罗在《种子的信仰》中的话说，“我对秋季散发出的每一项这般冒险的命运或成功都非常着迷”，“这不仅是秋日的预言，也是未来春天的预言”，“每一种植物都能在每一粒种子里重生。每一天是创造日，也是再生日”。这是多么细腻的观察、诗意的描写和哲学的洞见啊！

种子借助风、阳光或动物的力量而远行，梭罗还观察到有的种子在冬天溜过河面上的冰到达对岸。苍耳，借助孩子们的游戏走向远方，去完成生命的延续，阐释一颗种子的意义。也许，与花朵和果实相比，种子才是植物最美丽的一段生命历程。花朵艳丽却短暂，果实代表成熟，但果实也会腐烂萎缩，而脱离母体完成冒险之旅的种子，却能让植物得到永恒。

城市里很难见到苍耳，今年秋日在塘朗山郊野公园偶尔遇到一丛，大为欣喜。这颗种子不知经历了怎样的波折来到这里的，它的旅途一定有着丰富的故事。令我惊讶的是，女儿和她的伙伴们一拥而上，自然而然就玩起了“苍耳大战”。

这令我相信，人与草木之间的古老游戏可以不教就会，也许千百年来它们已经化为我们的集体记忆，只要置身野外，就能将这种记忆唤醒。于是，犹如得到大自然秘密的指点，孩子们摘下苍耳做游戏，而苍耳也冒险地借助这场游戏完成自己的使命。

苍耳（*Xanthium strumarium* L.），菊科苍耳属草本植物。2014年10月摄于深圳市南山区。

鬼针草

深圳到了十二月份，正是各种草木的种子大显身手的时候。若是到野地里走一走，可以有丰盛的收获，比如大叶相思的种子乘着卷曲成螺旋状的豆荚飘落，像坐着飞碟拜访地球的外星人；若有幸捡到掉落地面却没爆开的银合欢豆荚，只要轻轻一掰，就能收到一巴掌巧克力色泽的种子；还有浑身带刺的苍耳、在阳光里噼啪响的猪屎豆……要说起这些有趣的种子，当然不可不提鬼针草。

鬼针草，又叫咸凤草，菊科一年生草本植物，深圳的山林、路边、草地常见，或半人高的蓬茸大片，或偶尔一两株探出草丛。鬼针草分为白花鬼针草、小花鬼针草等多个品种，而中心是黄色的头状花序、边缘有一圈白色舌状花瓣的白花鬼针草因色彩搭配靓丽而比较醒目。

鬼针草在花期开得星星点点，像绿色绒毯上的小碎花，花儿素净淡雅，很有菊科植物的范儿，常被误认为野菊花。花期过后，鬼针草就真的成了名副其实的鬼针草了。要是在草丛中走一圈，神不知鬼不觉就粘带了好多“鬼针”回来，那些深褐色或者黑色的“针”又细又

1
——
2

1 鬼针草瘦果，神不知鬼不觉地粘到人的衣裤或者动物的皮毛上，以完成传播的使命。鬼针草（*Bidens pilosa* L.），菊科鬼针草属一年生草本植物。2014 年 12 月摄于深圳大学城。

2 白花鬼针草。2014 年 3 月摄于深圳大学城。

硬，深深地扎进衣裤中，很难摘下来。可以说，清理鬼针草针刺的难度，一点都不亚于清理毛衣上的苍耳。

从植物学的角度来说，这是植物生存繁衍的策略，为了将种子传播得更广更远，植物练就了三十六计，有的靠阳光来炸裂果荚，有的用色香来诱惑动物，有的乘风远去，有的随波逐流……鬼针草采用的是借力搬运法——只要你与他擦肩而过，你就在不知不觉中给它当了一回搬运工。

我们常常赞美花儿的娇艳，其实，植物的种子是不是更令人惊叹呢？如果将花儿比作植物的美貌，那么，种子的行为则更像植物的智慧，它有一个动态的过程，看懂了这个过程就会迷上它。

十九世纪伟大的美国自然文学作家梭罗就被植物的种子迷上了，他进行了长期大量细致的自然观察，写下了既具自然科学知识，又兼有哲学、美学意境的著作《种子的信仰》。

在这个冬天，我一边观察身边植物的种子，一边阅读梭罗的《种子的信仰》。我既迷上了那些美妙的种子，也迷上了梭罗极具天赋的敏锐观察和独特描绘。梭罗是这样描写鬼针草的：

> （鬼针草）结的果实像一个个稍扁的箭袋，里面的箭都尖向下插着，数量从2枝到6枝不等，早的10月2日前后就能成熟，随后便多了起来，有时能一直持续到第二年1月的中

旬。假如有人路过或穿过一片半干的水塘，衣服上常常就会粘上不少这样的种子，如同在不知不觉中到了小人国，在一排排军人中走了一趟，无数看不见的士兵在愤怒中像向你又是射箭又是投标枪……

盐肤木

几场秋雨后，校园里一株盐肤木变得火红惹眼、熠熠生辉。浅金色的阳光下，盐肤木叶脉纹理清晰，叶片闪耀着红彤彤的华美色彩。南方常绿，很难看到层林尽染的秋色，这样一抹红色显得格外醒目，比夏日的花朵还要出色几分。

秋叶之美总是令人赞叹，而红色的秋叶更是美的极致。一片绿叶，从开始出现红色的斑点，到完全染红，直至变成褐色，最后坠落，就算不是在画家和诗人的眼里，只是在普通人看来，也是一段独特的生命——树叶努力使自己达到成熟的顶峰，并为更新换代而做好飘落的准备，这个过程优雅而壮美。

很喜欢梭罗在《秋色》中的句子，“涂着色彩的叶片……犹如果实、叶片和日子本身，恰好在飘落之前呈现出绚丽色彩，这一年也临近安歇……是它们日落时分的天空”。梭罗的联想精妙而极具诗意，使人心领神会。秋叶和日落时分的天空有着同样的美学意义，它们同样是登峰造极的绚丽，同样是生命轮回、星月流转的崇高仪式。

盐肤木（*Rhus chinensis* Mill.），漆树科盐肤木属落叶小乔木。2014 年 12 月摄于深圳大学城。

从植物学的角度来说，树叶变红是因为较少吸收泥土中的营养，增加了氧气的呼吸，于是树叶从空气和阳光中获得了绚丽的色彩。而我的观察还让我有一种直觉，在这片天空下的树叶，它的红色一定拥有这片天空特有的色调。比如盐肤木树叶的红色正像南方夏季的晚霞，绯红、橙红、金色，或深或浅地交织叠加，光影流动，美轮美奂。

人们总想留住美丽。梭罗曾经想制作一本秋叶标本集，将树叶从绿色转变到褐色过程中的每一个变化收藏起来，用颜料准确复制它们的色彩，无论何时翻起这本书，就如同在秋天的树林里漫步。我相信，面对秋天的红叶，无数人心中都奔流过很多念头，想要留住这美丽的色彩。盐肤木的色彩也不例外。

不知经历过多少尝试，我们的古人发现，盐肤木是很好的染料，然而真正能染色的并非红叶，而是盐肤木上产生的“五倍子”。五倍子是寄生虫将盐肤木的叶柄或叶片刺伤而生成一种囊状聚生物，它含有丰富的可供染色用的鞣酸，与铁离子结合时可将纤维染成蓝黑色的色相。据《本草纲目》记载，这种蓝黑色即为“皂色”，古代极为经典的色彩。

路过盐肤木时，我特意仔细观察了它的叶片和叶柄，有几片红叶上布满了疙瘩，大概是五倍子的雏形吧。想到做成染料并不能留住眼前这美丽的红色，我想也许可以试试梭罗的方法制作标本，但其实干燥的标本并非叶片原色，用颜料也未必就能调出其色泽。既然留不了，不如心头一宽，看它年年变红吧。

刺桐

曾经在某神话剧里听到一句神仙谈恋爱的台词——“我要带你朝游沧海暮苍梧”，很喜欢这句洒脱浪漫的爱情许诺。在我的想象中，所谓“朝游沧海暮苍梧”，大概就是白天在海边捡捡贝壳玩玩冲浪，晚上在一棵有着古老树龄的巨大梧桐树下休息，多美好啊。我以为，“苍梧”是说苍老的梧桐。

有次全家自驾去桂林玩，从广东深圳出发，傍晚开到广西境内，经过一个叫“苍梧”的小县城。我不由就想起了那句“朝游沧海暮苍梧”。既然到此，就应了那句话，“暮苍梧”，就在苍梧县留宿了一晚，想着那句话，心里柔软得不得了。第二天起来在苍梧县找了一圈，想找找“苍梧”长什么样子，可一棵梧桐树都没看见。苍梧县从此在我心中像个谜一样。我依然认为，“苍梧”是说苍老的梧桐。

直到最近深圳的刺桐花又开了，我注意起刺桐来，查阅有关资料才得知，原来身边常见的刺桐就是传说中的“苍梧”。“苍梧”不是梧桐树，而是豆科刺桐属刺桐的另一个浪漫的名字。

那么，“朝游沧海暮苍梧”指的是傍晚到刺桐树底下休息吗？与其各种猜想，不如查一下“朝游沧海暮苍梧”的出处。此语出于元曲《吕洞宾三度城南柳》，原句为“朝游北海暮苍梧”，是说早上游完北海，晚上就到苍梧了。北海是现在俄罗斯境内的贝加尔湖，苍梧指广西梧州一带，两者相距十万八千里，却能一天之内游玩，形容神仙腾云驾雾行走速度之快。

原来苍梧或刺桐还是地域的代称。据《异物志》记载：“苍梧即刺桐，岭南多此物，因以名郡。”泉州因为生有很多刺桐，古代别称为“刺桐城”；广西梧州也多刺桐，曾以“苍梧”命名此地。

现在终于明白了“朝游北海（沧海）暮苍梧”的真正意思。一日之内游遍名山大川，神仙式的浪漫令人心驰神往。

不过可能连神仙也想不到的是，这种浪漫已非神仙专属，如今我们乘飞机也能实现“朝游北海暮苍梧”的速度。如果有直线航线，从贝尔加湖起飞，飞往广西梧州，一日之内便可到达。

唯一遗憾的是，曾经的北海已不在我国版图。北海，汉匈关系史上的重要地标，霍去病出征、苏武牧羊留下足迹的地方。《中国大百科全书》上写，霍去病“登临翰海（或为今俄罗斯贝加尔湖）”。“朝游北海暮苍梧”不止是浪漫，还告诉了我那些金戈铁马的战争、那些民族的冲突与融合、那些滚滚而去的可歌可泣的历史。

这就是植物的魅力，它们不单是属于自然界的，还蕴含着丰富的历史和文化，连接着过去、现在和未来。比如刺桐，当你进入刺桐的世界，它就开始向你讲述那些故事。

刺桐，原产亚洲热带，喜强光照射，春季开花，花色鲜红。已知的刺桐属植物约有 50 种，花形如象牙的俗称象牙红，花型如鸡冠的俗称鸡冠刺桐。今年深圳暖冬，象牙红已经开花了。

1
——
2

1 一只暗绿绣眼鸟正在啄食象牙红的花蜜。象牙红（*Erythrina corallodendron* L.），豆科刺桐属落叶小乔木。2014 年 1 月摄于深圳大学城。

2 鸡冠刺桐（*Erythrina crista-galli* L.），豆科刺桐属落叶灌木或小乔木。2014 年 4 月摄于深圳大学城。

茶花

都说云南盛产茶花，如今江南也可见茶花似锦。春节回老家常州过年，发现不少人家的前庭后院，甚至行道公园，处处开着茶花，单瓣的、重瓣的，白的、粉的、红的，春意融融，很是好看。想必它们各自都有着风雅的名字，只可惜我一个都说不上来。这时候我就想起了金庸笔下的段誉，要是段誉在此，定能侃侃而谈品评一番了。

最早对茶花产生深刻的印象，就是源于《天龙八部》中段誉在曼陀山庄评茶花一段。“大理有一种名种茶花，叫作‘十八学士’，那是天下的极品，一株上共开十八朵花，朵朵颜色不同，红的就是全红，紫的便是全紫，决无半分混杂。而且十八朵花形状朵朵不同，各有各的妙处，开时齐开，谢时齐谢，夫人可曾见过？”“比之‘十八学士’次一等的，‘十三太保’是十三朵不同颜色的花生于一株，‘八仙过海’是八朵异色同株，‘七仙女’是七朵，‘风尘三侠’是三朵，‘二乔’是一红一白的两朵。”

虽然有专业人士提出，段誉这是吹牛，现实中的“十八学士”并不是十八朵花朵朵不同，而是每一朵花大致有十八层花瓣，但这一段

1
—
2

1 茶花，中国在线植物志标注其正名为山茶（*Camellia japonica* L.），茶科山茶属常绿灌木或小乔木。2015 年 2 月摄于江苏省常州市。

2 茶花。2015 年 2 月摄于江苏省常州市。

吹牛毕竟镇住了王夫人，也令我对茶花心生向往、浮想联翩。

茶花，又称山茶花，原产于我国，隋唐时代普及百姓庭院，宋代开始大受追捧，明代李时珍的《本草纲目》、王象晋《群芳谱》，清代朴静子的《茶花谱》等都对山茶花有记载。比起段誉对茶花品种的关注和熟悉，现实中的古人更热衷于赞美其耐寒的特点和勇敢的品质，明代邓直在《茶花百韵》中称茶花为“十德花”，其清代李渔在《闲情偶寄》中赞它“具松柏之骨，挟桃李之姿”。

到了十八世纪，茶花开始传入欧美，在西方文化中产生重要的影响。在十九世纪法国作家小仲马的《茶花女》中，茶花是贯穿始终的一个象征。巴黎的交际花玛格丽特外出总带一束茶花，所以被称为“茶花女”，她通过茶花对杜瓦的爱慕表示了正面的回应，然而遗憾的是，她没有得到她向往的爱情，最终孤独病死。在她死后，杜瓦带着深深的悔恨在她的墓前献上了一束茶花。这部悲剧成为了不朽的经典，也将东方茶花不羁、勇敢、浪漫的形象根植于西方人的心里。

对茶花产生特殊情愫的还有时尚界不朽的人物可可·香奈儿。将山茶花饰品随意地系在发际、别在胸襟，是香奈儿装饰的经典象征。实际上，在香奈儿的世界中，无论是时装、高级珠宝，还是腕表，山茶花的元素无处不在。据说，香奈儿钟爱山茶花，是因为她最爱的情人送她的第一束花就是山茶花，而香奈儿从茶花中获得了不竭的灵感。在香奈儿看来，山茶花象征着奔放的激情与浪漫主义情怀，同时又素雅清新不失尊贵气质，是“女性需要自由与独立”思想最好的象征。

春节期间看到茶花开，就翻出《天龙八部》段誉论茶花一段应景来读，这次除了又为段誉的高谈阔论惊叹了一番之外，还有一个意外的收获——这一章的标题“为谁开，茶花满路”。如果不读原著只是看电视，是不会与这句话相遇的。“为谁开，茶花满路”，让我突然体会到了一种繁华掩盖下的凄凉，那是王夫人对云南大理那个人无望的等待。满路茶花的背后，是一个深藏心底的“谁”。再想，玛格丽特、香奈儿的茶花，不也是在心里“为谁开”的吗？

茶花的绝代风华，本就不止在茶花本身吧。

梅花

梅花是中国传统名花，自古以来，人们十分钟爱梅花，爱到要把梅花贴到脸上，比如章子怡在电影《十面埋伏》中惊艳的妆容，又如唐画中的仕女，眉心也有一朵花。这种妆容有一个专门术语，叫做“梅花妆”，又叫“寿阳妆”。

为什么叫“寿阳妆”呢？不得不说一下梅花妆的发明者——寿阳公主的故事。据《太平御览》，“宋武帝女寿阳公主人日卧于含章殿檐下，梅花落公主额上，成五出花，拂之不去。皇后留之，看得几时，经三日，洗之乃落。宫女奇其异，竞效之，今梅花妆是也。”

公主在梅树下睡着了，春风弄梅，落英缤纷，暗香浮动，恰好一朵梅花不偏不倚就落到了公主的眉心，神奇的是，五片精致的花瓣绽开在眉心之间，像长上去的一样弄不下来。三天后，用水洗才把眉心的梅花洗去了。宫女们觉得梅花点缀额头新奇而美丽，就争相效仿。这就是“梅花妆”的由来。

梅花妆很快从宫廷传播到了民间，年轻女子纷纷以此为时尚。但由于梅花有季节性，不能经常摘来贴花，女子们就想办法用其他材料比如很薄的金箔代替，有的也用纸、粉代替。

问题来了，因为那些替代材料统称为“花黄”，所以不少人认为，正宗的梅花妆是黄色的，由此猜测飘落到寿阳公主眉心的梅花是黄色的，所以梅花妆的梅花指的是“蜡梅”。这个推断颠覆了我印象中对梅花妆的想象，令我大为吃惊，于是对蜡梅和梅花作了一番辨识。

蜡梅和梅树虽然都有“梅”字，却没有太大关联，蜡梅是蜡梅科蜡梅属植物，而梅花是蔷薇科杏属植物。蜡梅是金黄色，而梅花则有白色、宫粉、深粉、淡绿等多种颜色。如果说梅花妆必须是黄色的，那蜡梅看上去更符合要求，但蜡梅花瓣一般有十余片，与《太平御览》中“成五出花”的记载出入甚大，而单瓣的梅花恰是标准的五瓣。

从开花时间来看，蜡梅开花较早，一般是隆冬腊月；而梅花稍晚，大约在初春开放。能在户外树下睡着，从常理上推断应为天气稍暖的初春。

再者，“花黄”是用彩色光纸、绸罗、云母片、蝉翼等为原料，染成金黄、霁红或翠绿等色，贴在额头或脸上。这说明“花黄”并非单指黄色。

由此可见，梅花妆的梅花，应是蔷薇科杏属的梅花；但同时，梅

1
—
2

1 蜡梅（*Chimonanthus praecox* [L.] Link），蜡梅科蜡梅属落叶灌木。2015 年 2 月摄于江苏省常州市。

2 梅花，中国在线植物志标注为“梅”（*Armeniaca mume* Sieb.），蔷薇科杏属小乔木，下设残雪照水梅、玉碟梅、宫粉梅等 19 个下级分类。2015 年 2 月摄于江苏省常州市。

花妆的色彩却并不一定是梅花原色，而可能是根据不同的化妆材料作了相应的变化，如金色、黄色、红色、绿色。

二月份在江南有幸看到了梅花开，徜徉在梅花林中，细想着寿阳公主梅花妆的典故，觉得十分美好。遗憾的是游人太多，多了春意的热闹，少了那份清雅，而且人工培育了较多的重瓣梅花，单瓣的已难得一见了。这时候再有春风吹落一朵梅，十之八九是重瓣的，要是遇着个佳人，“落到眉心住”，必是另一番妆容了。

阿拉伯婆婆纳

很欣赏城市自然笔记作家涂昕在《采绿》中对阿拉伯婆婆纳的描写：

> 阿拉伯婆婆纳眨着湛蓝色的眼睛，我猜它们是大地派出的使者，怀揣着察看春天步伐的任务。一开始只是零零星星冒出几株，不出几日，它们就越来越多，蓝眼睛此起彼伏地扑闪，仿佛是春天的万象太引人贪恋，大地的好奇心一发不可收拾，争先恐后地张望这个世界来了。

阿拉伯婆婆纳是华东地区春天常见的野花，与紫斑堇菜、点地梅一起，是我童年最熟悉的野花。曾经想过很多种对阿拉伯婆婆纳那蓝色小花的描述，比如像一粒粒蓝宝石，或者像一匹绸缎上的小蓝碎花，都不如“蓝色的眼睛”那么传神。宝石或者布匹上的印花都是死的，而眼睛是活的，是春天萌发的活力。

在这个二月，我在太湖边上又遇见了阿拉伯婆婆纳，一大片蔓延开去，蓝色的眼睛眨啊眨的，看得我满心欢喜。它们还记得我吧，一

阿拉伯婆婆纳（*Veronica persica* Poir.），玄参科婆婆纳属草本植物。2015 年 2 月摄于江苏省无锡市太湖畔。

个放学了总是流连于野外不回家的女孩子，多少次蹲在它们跟前，对着它们你忽闪一下眼我忽闪一下眼。这个女孩还曾经多少次想摘一大把这蓝色的野花回去，和紫斑堇菜、点地梅、蒲公英扎成一个蓝紫白黄五彩缤纷的花束，可惜它们光朝着我眨眼睛，就是不肯被我摘下来。只要轻轻一碰，蓝色小花就掉下来了，或者就算侥幸摘到一支连茎带花的，走回家却发现小蓝花不知道什么时候还是掉了。

就是这么特别的小野花，只愿扎根在春的大地上张望着这个世界。如果你想抓住它，却只能回忆它划过你的目光。

小蓝花的这个“抓不到”的特点多少有点与众不同，多少有些神秘感，童年时不知道它的名字觉得它神秘，后来知道了“阿拉伯婆婆纳”这个名字更觉神秘。查得阿拉伯婆婆纳原产于亚州西部及欧洲，玄参科婆婆纳属植物，本属植物众多，其中还有我之前在内蒙古呼伦贝尔大草原上看到过的穗花婆婆纳，但其名字的由来却如一团迷雾。有的传说是它的根在泥土里网状分布，很像老婆婆纳的鞋底；有的传说是一位叫做“阿拉”的老头躺在草地上想念自己的老伴……六岁的女儿看到我电脑里的摄影图片，说大概是因为花瓣上深蓝色的条纹像老婆婆额头上的皱纹。

其实，我想说，花瓣上的条纹很像蓝色眼睛长长的睫毛。至于那个名字的由来，就当是句咒语吧，咒语一念，就春回大地了。

黄花风铃木

深圳三月，在回南天和阴天交替的日子里，簕杜鹃显得有些无精打采，木棉掉落一地“沉重的叹息”，芒果花细细密密透不过气，只有黄花风铃木不一样，它高举着亮黄的铃铛，像一道响亮的阳光破开了天空的阴霾。

黄色，是代表力量的色彩。大自然中的黄色，我见过大片的油菜花田、大片的向日葵田，也见过整条路上秋天的银杏叶，与黄花风铃木一样，它们的颜色是令人惊叹的大自然灿烂之美。然而它们又各自不同——油菜花的黄旖旎，它的力量是含蓄温柔的；向日葵的黄温暖，它是“小太阳”，给人积极乐观的力量；银杏叶的黄残酷，它是用尽力气呈现的生命最后的华美；而黄花风铃木的黄是“亮”，是一种拨云见日、豁然开朗的清晰感。

如果遇到晴天，在蓝天下看黄花风铃木，纯净的蓝色与明亮的黄色激烈撞色，则不仅是豁然开朗，还让人有种按捺不住的兴奋，顿时振作起来精神百倍。我看到的一则有关黄花风铃木的故事，说的就是黄花风铃木带来的这个神奇的瞬间。

黄花风铃木，中国在线植物志标注其正名为“黄钟木”（*Veronica persica* Poir.），紫葳科黄钟木属落叶小乔木。2014 年 3 月摄于深圳大学城。

一场比赛失利后，校园足球队的男生们都提不起精神来，训练场上萎靡一片。教练说，既然没精神，干脆别踢了，春天这么美好，不如大家一起出去放松心情吧。于是男生们跟着教练在校园踏青，不经意间就走到了黄花风铃木跟前。只见满枝亮黄，照得四周一片灿烂，孩子们大呼小叫起来。教练问，蓝天映衬着黄花，有没有令你们想起某个足球队的队服？男生们对足球队自然是非常熟悉的，马上有人回答，巴西队。正是巴西足球队队服的主色。想起在球场上充满活力的巴西队，男生们顿时振奋起来，纷纷向教练表示要好好练球。

这个联想是有根据的，黄花风铃木又叫巴西风铃木，是南美热情之国巴西的国花。黄蓝撞色，不仅是巴西足球队队服的主色，也可见于巴西国旗。这名教练很智慧，通过黄花风铃木让孩子们联想到了激情澎湃的巴西足球队，借助自然中的“力量”鼓舞了孩子们的斗志。

黄花风铃木，紫葳科风铃木属，原产于墨西哥、中美洲、南美洲，喜爱高温，在我国深港一带多有引种。黄花风铃木花朵像一只只风铃，春天开花时只见花朵不见树叶，夏天结果荚，秋冬长叶又落叶。风铃木家族还有洋红风铃木，不过洋红风铃木比较容易淹没在宫粉羊蹄甲之中化为一片旖旎，没有黄花风铃木那么有劲儿。

堇菜

二三月份的深圳，校园草地上一派生机勃勃，黄白粉紫的小花星罗密布，春天的气息扑面而来。其中最多的是一种五瓣的紫花，它们默默地低着头，露出长长的“后脑勺”，娇羞地点缀在油绿鲜嫩的草尖或浅褐色的洋紫荆枯叶旁。

在深圳能看到这种紫色的小野花令我十分欣喜，与阿拉伯婆婆纳一样，它也是我童年最深的春天记忆。江南春天，莺飞草长，我和童年的玩伴们经常放学了不回家，跑到开满各种野花的地里打滚，累了就躺在花丛里假睡，听蜜蜂在耳边嗡嗡地唱，手里抓着一把紫色的小野花。

看了图谱后，知道它是堇菜科植物，长长的“后脑勺”在植物学上叫做“距”，花朵的蜜腺就藏在这个距内。堇菜科的植物很多，其中最常见的是早开堇菜和紫花地丁。

早开堇菜与紫花地丁长得十分相似，根据野花图谱和植物爱好者的研究，两者花叶均长得差不多，开花时间前后相差不大，分布地区

早开堇菜（*Viola prionantha* Bunge），堇菜科堇菜属草本植物。2014 年 2 月摄于深圳大学城。

基本相同，并且都属于堇菜科，唯一的鉴别方式是，早开堇菜的叶子较圆而紫花地丁的叶子更为细长，也有细节党指出，早开堇菜侧瓣有须毛而紫花地丁通常没有，当然这也仅是“通常”。最令人眼花的是，早开堇菜和紫花地丁还往往交杂而生，这进一步增加了分辨的难度。

童年只一味地眷恋那一抹田野间的紫色，丝毫不知早开堇菜和紫花地丁的区别；校园中的紫色，大部分看起来像早开堇菜，然而也有些叶片形状介于圆和狭长之间不好区分，传说中的侧瓣须毛也难以察觉。花花世界，一时难以分清。分不清不如不纠结，都叫“堇菜”好了。

“堇”字，古代汉语中假借为“仅”，意思是“少”，想必是为了表达早春万物尚未复苏时，堇菜就已经开出紫色的小花了，拳拳之心，是细细的春意。“堇”，还可解释为“淡紫色”。淡紫色是一种冷调，传达一种孤独哀伤的感觉。日本作家川端康成在《古都》中，以紫花地丁为整个故事奠定了堇色（淡紫色）的清淡忧愁基调——“院子里低低飞舞的成群小白蝴蝶，从枫树干飞到了紫花地丁附近。枫树正抽出微红的小嫩芽，蝶群在那上面翩翩飘舞，白色点点，衬得实在美极了。两株紫花地丁的叶子和花朵，都在枫树树干新长的青苔上，投下了隐隐的影子”，“上边那株和下边这株相距约莫一尺”，“上边和下边的紫花地丁彼此会不会相见，会不会相识呢”。两株紫花地丁象征着失散的孪生姐妹，在作者笔下，她们的重聚笼罩在淡紫色的缠绵和哀伤中。

小小的紫花也让世人看到了拿破仑内心中细腻婉转的一面。也许是看到了紫花地丁身虽微小却坚强地迎春开放，拿破仑十分钟爱紫花地丁，当他被流放到厄尔巴岛时，发誓要在紫花地丁花开时返回巴黎，1815 年春天，当他返回巴黎时，女人们身穿堇色华服，把紫花地丁撒在他必经之路迎接他归来。如今，“紫地丁节”已成为法国图卢兹二月的习俗。

深圳的春天温暖湿润，草木茂盛，堇菜开花无“少”之零落孤独，也无日式的哀伤忧愁，当然也没有拿破仑式的壮观，不过，它们简单、热烈、纯朴，最让我怀念童年那一把紫花。

紫藤

深圳春暖，校园的紫藤三月份就开出了花。也许是沙性土质营养不够，这几年紫藤花总是开得不多，清清淡淡的寂寞无声，没有我在清华大学读书时看到的那一架紫藤那么浓烈。

记忆中清华本部的紫藤，很像宗璞笔下的《紫藤萝瀑布》，“只见一片辉煌的淡紫色，像一条瀑布，从空中垂下，不见其发端，也不见其终极。只是深深浅浅的紫，仿佛在流动，在欢笑，在不停地生长。紫色的大条幅上，泛着点点银光，就像迸溅的水花。仔细看时，才知道那是每一朵紫花中的最浅淡的部分，在和阳光互相挑逗”。

清华的紫藤是清华园流光溢彩的春色，而宗璞笔下的紫藤则还有另一番深意——这条紫藤瀑布花朵如此繁盛、色彩如此饱和、光影如此流动，带走了一直压在宗璞“心上的关于生死的疑惑，关于疾病的痛楚”，给了她极大的心灵抚慰。思及十几年前家门外开花稀稀落落的紫藤，对比眼前的辉煌，宗璞感悟到“花和人都会遇到各种各样的不幸，但是生命的长河是无止境的”。隽永的散文如春风化雨，启示人生。

1
——
2

1 紫藤（*Wisteria sinensis* [Sims] Sweet），豆科紫藤属落叶缠绕大藤木。2014 年 3 月摄于深圳大学城。

2 校园中的紫藤

特别引起我注意的紫藤还有林风眠先生的画。有一段时间我特别喜欢临摹花鸟图，偶然发现一副紫藤和小鸟的画，被其绚丽梦幻、层层叠叠、深深浅浅的紫打动，用色粉临摹过一副。后来查得这原是林风眠先生画作，名为《紫藤栖禽》。对林风眠先生的画风十分着迷，又看到了《紫藤双鸭》、《紫藤双雀》、《紫藤花》……紫藤竟是画中常客，可见缘分非一般。而我用色粉棒临摹先生的画作，简直就是贻笑大方了，因为林风眠先生在画中采用了中国水墨画和西方水彩画的结合，甚至将油画技巧也融入其中，所以画面既明快艳丽，又水墨氤氲，绝非干干的色粉能表现。而林风眠先生性格中的善美、沉静，也赋予了画中紫藤沉郁浪漫、光色交辉的意境。

与林风眠先生为师生关系，同样在绘画中探索中西合璧的吴冠中先生笔下的紫藤又是另一番风貌。在《画眼》一书中，收录了吴冠中先生所画之“藤花”，画的是在苏州拙政园里看到的文徵明手植紫藤，画中已不见紫藤的具象，完全抽象成藤枝穿插的线条，“似龙蛇搏斗，具翻江倒海之气概”。吴老的画令我惊叹，老藤竟如此之美。著名诗人余光中曾说，人生最高境界为“老得很美”。吴冠中先生画的紫藤，正是老而美，令人仰止。

这倒令我又想起深圳校园的紫藤了，今年花虽稀少，藤倒是遒劲曲折、龙盘虎踞，颇有吴冠中先生画意。

木棉

又是一年木棉花开。说到木棉，很多人会想起舒婷的《致橡树》，“我如果爱你”，绝不像攀援的凌霄花，也不像鸟儿、泉源、险峰、日光或者春雨，而“必须是你近旁的一株木棉，作为树的形象和你站在一起”，相依独立，同甘共苦。诗中的“我”和“你”就是木棉和橡树。

木棉，原产于印度，热带或亚热带地区植物，生于我国南方。橡树，分布在北部较寒冷地区，我们知道橡子是松鼠最爱的食物。木棉和橡树，天南海北，事实上很难做到“根，紧握在地下；叶，相触在云里”，伟大的爱情岂不成了“异地恋”了？

其实舒婷在写完《致橡树》后也知道木棉和橡树不可能在一起，在作家出版社出版的《真水无香》一书中，收录了舒婷的一些随手散文，其中有一篇就是对《致橡树》这首诗创作过程的回顾和与木棉有关的生活花絮。

对于长期生活在鼓浪屿的舒婷来说，木棉是她熟悉的植物，而对

木棉（*Bombax ceiba* Linnaeus），木棉科木棉属落叶大乔木。2014 年 3 月摄于深圳大学城。

橡树的最初印象则来源于日本电影《狐狸的故事》，背景中一棵老橡树“独立旷野高坡”，“盛衰均是铁一样的沉默”。舒婷坦言，她对橡树一见钟情。1977年，舒婷与诗人蔡其矫在鼓浪屿对爱情观争论不休，因不能同意男性对女性有“取舍受用的权利”，当晚一口气写成了《致橡树》(初稿为《橡树》，后根据北岛的意见改为《致橡树》)，把对橡树的印象转化成了对平等爱情中男性的想象，成就了这首脍炙人口的诗。后来，舒婷才在杭州和德国柏林见到了橡树。

《致橡树》流传开来，为女孩子们勾画了美好的爱情，但也有人向诗人投诉“没有橡树”。其实不是没有橡树，而是在看到木棉花的地方是看不到橡树的。舒婷也知道了“木棉很南方，橡树却生长在朔雪之乡”，事实上“它们永远不可能终生相依”。诗歌与现实之间拉开了惊人的差异，“误导”了一代又一代爱读诗的怀春少女。舒婷写道，至今只要有人老话重提，说起当年的爱情史与《致橡树》有关，她就赶紧追问，“婚姻还美满吧”，“好像要承担媒人职责那么紧张”。看来这首诗“惹的祸”不小，难怪舒婷给这篇随笔起的题目便叫“都是木棉惹的祸”。

少女们喜欢读着《致橡树》想象爱情，南方的老人们则更加熟知木棉在生活中的实际功用。舒婷写到，民间赞美木棉为“英雄树”，说它如热血沸腾的战士。类似的故事我也听说，版本比这个惨烈，大约是战士的鲜血染红了土地，于是长出了花如血红的木棉树。

马兰头

清明前夕，朋友说要回一趟江南老家，问我要带点什么好吃的。这个时节最令我惦记的家乡味道，可不就是马兰头吗？

马兰头，是江南春天的一种野菜。春风一吹，田埂上、小河边到处都是一蓬茸一蓬茸新发的马兰，矮矮的，绿绿的。童年时期，我常和小伙伴们挎着小篮子，拿一把小剪刀或小锹，到田间地头去挑马兰。老家方言中这个“挑”字用得很形象，拨开杂草，露出马兰根部，循着根部剪下去，再顺势往上一抬，完整的马兰头就“挑”起来了。远处升起炊烟，就提着篮子回家。母亲接过小篮子，洗、焯、切，装盘，淋上芝麻油，一盘凉拌马兰头就上桌了。入口，唇齿留香。

马兰头的香味很特殊。汪曾祺写江南的蒌蒿，说它的香味像“坐在河边闻到新涨的春水的气味”，这描写很虚，却极妙。我觉得马兰头也类似，像江南田野草木蓬发的气味。

常见的做法还有在马兰头中拌入切成丁的豆腐干，或者油炸的去皮花生米，取其口感丰富。更有饭店酒楼用料讲究，用松子、腰果来拌，加上“造型”技术，堆成圆柱、方形、三棱或者塔状，吃的是精致。不过我还是最喜欢母亲做的那种纯拌马兰头，就只用马兰头，切得粗或细都不要紧，堆不堆成塔也无所谓，要的只是乡村田野那股淳朴清新的春味儿。

最好的马兰头要在清明前吃，这时的马兰头最嫩最清香，一旦过了清明就开始变老变硬，口感大打折扣。如果清明前能吃上三顿，那就厉害了，用家乡的话说，连“河里鱼籽都看得清”。马兰头是一种中药，具有清热利湿、清肝明目的功效，民间俗语大约依据于此。

广东没有野生的马兰头。这些年在深圳工作，总是吃不到马兰头，一到春天就想念。母亲也念叨着马兰头啊，荠菜啊，蓬蒿啊……巧的是，去年冬天在小区散步，母亲偶然发现了某墙角边生着很像马兰的草，兴奋地跑过去又掐又闻，断定了是马兰头。看一簇簇长得很规整，料想这必定是家乡人在广东开辟的“试验田”。

十天半个月，母亲几乎天天去看，发现竟没有人摘其嫩叶去吃，马兰头都抽薹开出了淡紫色的小花来了。母亲说，大概种植它们的主人已经回老家去了吧。有一天，我和母亲一起去挖了几丛回来，栽在了阳台上。马兰花淡泊雅致，如野菊，我最爱折来做插花，喝茶的时候，在白瓷茶盅里斜斜地插一朵。今年春天，母亲把阳台上的马兰老叶剪去，不几天它就长出了新苗，长势很快。

吃完朋友从老家带来的江南马兰头，不过瘾，就把阳台上的马兰

1
—
2

1 马兰（*Aster indicus* L.），菊科紫菀属草本植物。2014 年 5 月摄于深圳市南山区桃源村。

2 马兰花开。2014 年 7 月摄于深圳市南山区桃源村。

头也剪来，也是老法子，凉拌了吃。我问母亲，这两顿马兰头可有什么区别？母亲说，差不多。其实哪里是差不多，简直差很多，到底水土不同，深圳“试验田”里的马兰头，老多了，香味也寡淡。母亲那是太思念家乡了。

火焰木

我住处的窗口望出去，几十米开远正好是几棵火焰木。往那个方向一看，总是能看到一簇簇奋力向着天空的橙红色花，像一团团燃烧的火焰。晴天燃烧着，阴天也是这样燃烧着，冬天也是，夏天也是。

我突然留意到，从去年夏天到今年夏天，火焰木几乎已经开了整整一年了，如果再继续这样开下去，火焰木是不是永远开花不止了？在这火热的南方，连花儿都如此不知疲倦，拼尽了力气争分夺秒似的。

树下草地上，火焰木落花星罗密布，绿草映着火红，色彩分外醒亮。我捡了一朵掉落的花，把一团“火焰”捧在手心仔细端详。就像很多热带树种开的花一样，火焰木花粗犷直白，花瓣大而舒展，围成喇叭形，花色红如血、烈如火。然而细看之，花瓣边上有一圈金黄，像绣上去的花边，这是出人意料的精致搭配，让我想起一种红花金边的郁金香。

中国科学院华南植物园网站上的文章说，火焰木，花色猩红，花

1
—
2

1 火焰木，中国在线植物志标注其正名为“火焰树”（*Spathodea campanulata* Beauv.），紫葳科火焰树属常绿乔木。2014 年 5 月摄于深圳市南山区桃源村。

2 火焰木落花。2014 年 5 月摄于深圳市南山区桃源村。

姿艳丽，形如火焰，故名火焰木，又因其花朵形状很像郁金香，它的英文名叫郁金（Tulip tree）香树。

记得四月末去北京时，与同样喜欢植物的朋友一起逛圆明园、清华园，看紫藤、看牡丹、看丁香，看遍地的蒲公英、紫花地丁。朋友曾在深圳工作过，也了解南方的植物，自然就说起南方和北方植物的区别。她直言对木棉、蒲葵、露兜、火焰木等植物，隐隐地感觉到一丝恐惧，它们要么花朵太红太艳太硕大，要么树干树叶张牙舞爪一副凶相，与北方蔷薇、桃李与人亲近的感觉完全不一样。其实这样的感觉又何止她有，当我站在火焰木树下时，我满脑子都是热带丛林的想象。

要想进步一了解一个植物，可以看看与植物有关的故事。热带植物的故事不多，火焰木却有一则，是乌干达童话故事，讲的是一名女子为了爱情而燃烧了自己，最后化成了火焰木。扯上爱情的植物典故似乎不少，读多了难免觉得有些故事牵强附会，难以有所触动。倒是火焰木的另外一个别名——喷泉树（Fountain tree）背后的传说打动了我。

据说非洲的土著很早就发现，火焰木的钟形花朵可以储存雨水或露水，这些水可供旅人或土著居民饮用。在生存条件恶劣、淡水资源缺乏的非洲，人们十分珍惜和感恩火焰木花多给予的雨露滋润，所以称它为喷泉树。这是人类的生存智慧，更是大自然通过植物给予我们的恩惠。那么，爱护树木吧。

印度紫檀

作为一名植物爱好者，与植物的相识过程一般有两种，一种是看到了陌生的植物去查图谱从而寻到其名，另一种就是先在图谱或者书中读到它，然后在自然中遇见它。

校园有片小树林，长着十余棵枝繁叶茂、绿意蓉蓉的大树。有一天，这些树的树冠全都被园艺工人砍掉了，剩下光秃秃的树干和分枝，萧索地指向天空。若是往常，见此情景一定十分不解和痛心，可那段时间我正好在读安歌的《植物记》，其中有一篇是这位热爱植物的诗人写她在海南看到的印度紫檀，情形十分类似。

“海口春天开始的时候，院子里就会突然出现一些人，把这种树木的头全部砍掉。我看着他们拖它，它绿的枝干在地上划过，留下一些叶子，然后它会坐上车，横七竖八的，不知被拉向何方。大约一个月之后，就有叶子重新从它的枝头长出来，在亚热带不落叶乔木的深绿中显示它的新绿。”

我推断我看到的应该就是印度紫檀。砍去的树枝可用来扦插，顶上裹塑料袋，几个月后便可成活。剩下的树干顶部裹上不久也可发出一圈新的嫩枝。这是人们对印度紫檀的训育方式。

早就知道紫檀木很名贵，这一发现让我心中暗喜，感慨身边的校园植物“卧虎藏龙”。在我的印象中，紫檀木家具，那可是很名贵的呀。下次园艺工人再作业的时候，不如要一段紫檀木来，回家试着纯手工自制一个紫檀木盒子。

自从注意到这种树木后，我发现深圳行道也有很多这种树，心生诧异，既然是名贵木材，怎么会作为行道树呢？后来在学校的另一处也看到了同样的树木，树身挂着牌子，急切地凑过去一看，上面上写着“大叶榕”。大概我以前是认错了，这树枝叶特别繁茂，是遮阴的好树，这一点倒也像榕树。大叶榕就大叶榕吧，之后便把它当成大叶榕了。一直到了今年五月。

五月发现“大叶榕”树顶开出了细细密密的黄色小花，散发着淡淡的清香，风一吹，雨一下，树下铺满金色。据我现有的植物知识，榕树是隐头花序，不会出现这样明显的花朵。不是大叶榕，那它到底是什么植物？

为了搞清楚这个问题，我开始到处翻图谱、查资料。绕了一大圈，我又绕回了印度紫檀。

植物的名字对于认识植物很重要。名字是线索，指向与之有关的知识和文化。找见其真名后，我读了朝闻写的《印度紫檀的花开了》，感受到了作者站在印度紫檀树下的那份恬淡清幽的心境。又读了陆丁写的《此檀非彼檀》，知道了印度紫檀并非传说中的高级木料紫檀木，用来打造皇帝宝座、人们趋之若鹜的紫檀木是印度小叶紫檀。

印度小叶紫檀很难长大，且出材率很低，有“十檀九空”之说，是紫檀木中最高级的，也被认为是目前所知最珍贵的木材。相对来说，印度紫檀木质差远了，但生命力却很强，这也是南方可以将其作为行道树的原因。

当然，我也别再念着什么紫檀木盒子了，校园那几棵是此紫檀非彼紫檀。少了功利心反倒好了，我可以以平常心来欣赏印度紫檀。今年雨水多、温度高，叶子长得尤为翠绿繁茂，花也开得极好，据说印度紫檀很少开花呢。

印度紫檀，热带亚热带植物，蝶形花科，落叶大乔木。印度紫檀的蒴果扁圆形，中间膨胀藏有种子，周围是薄薄的一圈像一个个小飞碟，靠风力传播。我突然想起来，曾在“大叶榕”树下捡到过神秘的“小飞碟”，存疑已久，这下这个谜也解了。

1
—
2

1 印度紫檀（*Pterocarpus indicus* willd.），豆科紫檀属乔木。2014 年 5 月摄于深圳大学城。

2 印度紫檀的带翅荚果。2015 年 12 月摄于深圳大学城。

柠檬桉

去年夏天在深圳笔架山公园散步，进入一片林地时，闻到一股特别清新的香气，如清晨、如泉水、如森林，令我心旷神怡，不禁驻足。举目望去，路两边全是笔直挺拔、直指云天的树，并未见到什么新鲜的花朵。

再看，路边有个石碑，上写:“柠檬桉，桃金娘科，桉属，高大常绿乔木，树皮每年块状脱壳更新。此片柠檬桉林是由早期的深圳林场于二十世纪六十年代初栽种的。柠檬桉含有大量芳香物质，可提神醒脑，驱除蚊虫。”

原来散发出清新香气的是柠檬桉。柠檬桉，很可人的名字。仔细闻，其香气与柠檬香略有相似，但比柠檬香清冽。柠檬桉树干直而高，相比起它的高度，树干并不粗，显得清矍纤秀。乳白或灰白的皮从修长的树干上翘起、剥落，脱皮后的树干光滑、洁白。细长的叶片在空中轻拂，如宁静的私语。柠檬桉原产于澳大利亚，被称为“林中仙女”。这个美称真是毫不为过，多么清香、干净的树啊！

柠檬桉（*Eucalyptus citriodora* Hook. f.），桃金娘科桉属大乔木。2014 年 6 月摄于深圳笔架山公园。

后来我发现深圳种有很多柠檬桉。比如我的校园就有，河边有十余棵，也许数量太少不成气候，又参杂很多别的植物，我没有闻到柠檬桉的香气。梅林山公园也有柠檬桉，也许不成林香气难以聚集，我也没闻到那种香。

某次爬塘朗山，离着山一两公里远时，很清楚地看到了山上的植被情况，我惊喜地发现柠檬桉几乎占据了整个山腰，形成了一条明显的中间植被带。我想，这么大规模，应该能有笔架山公园的那种效果了吧。奇怪的是我爬塘朗山很多次，竟从来没有闻到过柠檬桉香气，这次带着期待去闻的，却也还是没有闻到。

没闻到香气，还听到一个不好的消息。同行的朋友对我在山上循着风四处闻的行为很奇怪，问起原因，我告诉他正在寻找柠檬桉的香气。他笑了，叫我别只顾着痴迷它的香气，早就看到有新闻说柠檬桉是一种很厉害的入侵植物，能把土壤中的水分吸干，俗称“抽水机”。

真是这样吗？带着不愿意相信的心情，我查阅了一些资料，网络上果然有大量有关柠檬桉的争论。2006 年左右，国际绿色和平组织抛出的《金光集团云南圈地毁林事件调查》等文件之后，媒体上掀起了“讨伐桉树”的浪潮，认为桉树这种引进树种生长速度过快，吸收水分和营养过多，会导致土地干旱、贫瘠，表面上是“林中仙女”，实际上是“抽水机”、“抽肥机”，是魔鬼。

对桉树的批判如火如荼后，终于有专家通过科学实验指出，单位体积的桉树对水分的蒸腾并不比别的树种更多，只是桉树生长速度极快，尤其是树苗种下后的前几年，桉树对水分和营养的需求较大，如果过于密集种植，客观上的确会引起水分和土壤营养被大量吸收。控制好种植密度，并在浇水和施肥等方面科学管理，则可以避免其弊端，大大发挥其造纸、制造精油等经济价值。

理越辩越明。媒体上正反两方的论战使我能够更深入地思考这个问题。我想到的，正如有的网友总结的，桉树本身并非魔鬼，关键是如何科学管理。管理得不好，会成为“魔鬼”；管理得好，就还是“仙女”。就像科学技术本身并无善恶，善恶在于使用科学技术的人类。

翅荚决明

注意到翅荚决明，是因为它的花很特别。一支支鲜黄的柱状花高高举着，齐刷刷地指向天空，似有一种雄赳赳、气昂昂的气概。

校园路边草丛有几棵翅荚决明。每次经过它们，我总会想，自然界的花朵大多低垂娇羞，但也有一些有不肯低头之态，如北方的泡桐花，南方的火焰木花，还有这翅荚决明。总是昂头向上的花朵，是有着怎样的心性啊？

花开过后就结果荚。翅荚决明，顾名思义，它的果荚带有“翅膀”。所谓的“翅膀”，实际上是果荚外表长的棱，类似于一种有棱的丝瓜。棱很薄，边缘有齿。果荚一开始是绿色，成熟后转为黑褐色，里面藏有五、六十粒种子。如果有外力的作用，则“翅膀”张开，种子爆裂而出，埋进草丛等待新生命的孕育。

说到种子，这里有一个疑问。记得中学时学业繁重、眼睛疲劳，母亲便泡了决明子茶给我喝，说可以让眼睛清亮。以决明子明目，古已有之。据清代陈淏之《花镜》，“决明，一名马蹄决明，俗名望江南，随处有之。二月取子畦种，夏初生苗。叶似苜蓿，大而粗疏。根带紫色。七月开淡黄花，间有红白花。昼开夜合者，结角如细豇豆。子青绿而微锐，一荚数十粒，参差相连，状如马蹄，可做酒药，并眼目药”。

那么，翅荚决明的种子，是不是就是可以泡茶喝的“决明子”呢？带着问题求知是一个快乐的过程。查《中国植物志》得知，决明属植物约 600 种，我国原产 10 余种，引种栽培了 20 余种，其中包括翅荚决明和决明。决明的种子有清肝明目、利水通便之功效；而翅荚决明的种子则有可以驱蛔虫，常被用作缓泻剂。比较便知，我们用来泡茶喝的，是决明属植物之一的决明。

翅荚决明用处也很多，除了种子可以驱除蛔虫以外，它的叶子和枝含有大黄酚，大黄酚具有抗菌作用。在南非，人们将翅荚决明的枝叶煮沸后用来治疗皮肤病。在菲律宾，翅荚决明的叶子常被加入香皂、洗发液的制造原料中。在有些地区，翅荚决明甚至还被用来治疗胃病、发烧、哮喘、毒蛇咬伤等。

观察翅荚决明时，还发现一个很有意思的现象。蚂蚁似乎特别喜欢翅荚决明，每次都能看到有蚂蚁在枝干上、花朵中忙忙碌碌，一直以为蚂蚁喜欢吃翅荚决明。查有关“决明子”的资料时，有了个惊人的发现——翅荚决明是一些蝴蝶幼虫的美食，但是不用担心它被毛虫啃光，其叶子基部生有蜜腺，产生的蜜汁能吸引蚂蚁，蚂蚁不辞辛劳地免费驱逐了植株身上的毛虫。翅荚决明就是这么聪明！

1
—
2

1 翅荚决明（*Senna alata* [Linnaeus] Roxburgh），豆科番泻决明属灌木。2014 年 9 月摄于深圳大学城。

2 一只蚂蚁在翅荚决明的花朵上忙碌。2014 年 9 月摄于深圳大学城。

栀子花

韩愈诗云，“芭蕉叶大栀子肥”。用词简单拙朴，却把夏季植物的酣畅饱满感描绘得意趣盎然，画面感十足。尤其这个“栀子肥”，正符合我对栀子花的印象，花瓣层叠厚实，花形容姿丰满，花香甜美浓郁，哪方面都阔阔绰绰的。

现在不常见，我小时候，家乡江南到了夏天，女人们喜欢弄一些散发香气的花，比如栀子花、白兰花、茉莉花等。据说这三种花被叫做“香花三绝”，三花同为白色，同为夏季开花，又都香气袭人。虽然都是香花，但本地女人们用起来却暗自分个高下，似有民间说法——白兰花花苞形似毛笔头，有一种书卷气，佩戴增添清雅；茉莉花次之，却也精巧别致；唯有栀子花过于肥硕香艳，格调张扬，不宜戴到头上。所以，栀子花摘来后大多是放在家里养在碗里的，也有用手帕包了藏在衣兜里只取其香气的。

有人说，一到毕业季，校园里就栀子花飘香，以后的青春回忆总带着那样的香。我想，有关栀子花的回忆，是不是都带着一丝甜甜的忧伤呢？

说太多忧伤就矫情了，其实老百姓在生活中记不得那么多忧伤。我现在工作的广东也有栀子花，广东人对栀子花寄托了另一番情愫。据《中山日报》的一篇文章，相传栀子花的种子引自天竺，因来自佛地，与佛有缘，所以被称为禅客、禅友，“栀子花在广东被称为‘禅花’，后来才知道其实是‘蝉花’，或许是漫漫时光流沿的旅程中，同音的禅渐而变成了蝉，也想必是栀子花开的时节也正是蝉声阵阵之时吧”。无论是“禅”，还是“蝉”，或清雅，或热闹，都是素日安好的简单诉求。

要说清雅，其实也有清瘦不肥的栀子花。韩愈也许没见过，但我恰好去年夏天在深圳西冲天文台的山坡上见着一大片。葱茏的灌木，点缀着朵朵小花，远看以为是杜鹃花，近看才发现是粉红的桃金娘和一种从未见过的白花。细看那白花，单瓣，六出，花瓣狭长，花药鹅黄，气质脱俗。山下礁石嶙峋、惊涛拍岸，山坡上野花清淡恬静、自在开放，面对这种情景，自然产生一番人生感慨，更难忘那不知名的白花。

该相遇的总会相遇。今年看图谱时就看到了这种花，是单瓣栀子花。单瓣栀子花也叫水栀子，比重瓣（俗称牡丹栀子）的清淡，陆游的诗句“清芬六出水栀子”写的就是这种单瓣栀子花。

再回想去年流连于天文台山坡的那一幕，倒应了唐代张祜的那句“尽日不归处，一庭栀子香”了。我这虽不是“肥”栀子，却是满满的“一山”啊。山海的磅礴，野外的自在，已经消融了所有世俗的喜怒哀乐。

生在在山上石缝里的野生单瓣栀子花。栀子花（*Gardenia jasminoides* Ellis var. *fortuniana* [Lindl.] Hara），茜草科栀子属灌木。2013 年 5 月摄于深圳西冲天文台山坡。

桃金娘

这里要说的桃金娘，不是《哈利波特》中经常躲在盥洗室哭泣的精灵，也不是德国作曲家舒曼的作品集《桃金娘》(*Myrthen*)，而是一种植物。不妨从苏东坡说起。

话说苏东坡一生多次被贬，但这位大文豪非常有趣，他一边被贬，一边品尝地方美食，还写到诗文里去，比如“日啖荔枝三百颗，不辞长作岭南人”，显得好不快活。当苏东坡晚年被贬到海南时，一路上有一种美丽的野花为伴，行程快结束时还吃了它的野果。花好果香，苏东坡对之赞不绝口，有文为证：

“吾谪居海南，以五月出陆至藤州，自藤至儋，野花夹道，如芍药而小，红鲜可爱，朴蔌丛生，土人云倒捻子花也。至儋则已结子如马乳，烂紫可食，殊甘美，中有细核，并嚼之，瑟瑟有声。”

语出《海漆录》。虽然被贬，但这一路可真美，从广西出发，先是看到了漫山遍野美丽的花，走着走着，花儿谢了，果子熟了，可随手摘来吃，甘甜美味。如此，令心情的郁闷、旅途的劳顿都烟消云散了。文中的“倒捻子”，就是如今学名为桃金娘的植物。

桃金娘，桃金娘科桃金娘属灌木，分布于我国广东、广西、福建等地。桃金娘嫩枝有灰白色柔毛，叶片革质，呈椭圆形或倒卵形，四五月开花，花形像桃花，也像单瓣芍药，花色先是粉红、玫红，后渐渐退为白色，夏秋结浆果，浆果像一只小壶，如樱桃般大小，熟时紫黑色，果肉酸甜芳香。

民间俗称桃金娘为倒捻子，有时也叫岗捻子、都捻子、山捻、岗捻等。之所以都有个“捻”字，大概是吃其果实的时候，总要把它倒过来，捏住尾部的花蒂，再放入口中。唐代刘恂《岭表录异》中记载，“倒捻子……有子，如软柿，头上有四叶，如柿蒂。食者必捻其蒂，故谓之倒捻子。或呼为都捻子，盖语讹也”。

有次和广东同事在一起，便说起了桃金娘，问他有没有吃过桃金娘的果子。他茫然不知桃金娘是什么。我又问知不知道倒捻子、山捻子。同事突然眼睛一亮，大呼知道知道，便跟我大谈特谈起小时候爬到山上摘山捻子的情景，兴奋得手舞足蹈。同事说，以前到了山捻子成熟的季节，山上到处都是，老婆婆们摘了拿到集市去卖，用量米杯一杯一杯装好，几毛钱一杯，又便宜又好吃。同事说，那果子吃完了满牙满嘴满脸都是黑乎乎的酱紫色，小孩子们吃得都跟画了鬼脸似的好笑，但就是好吃啊。同事还说，那果子泡酒极好！

我说是啊，想必是好东西，只道苏东坡赞美了岭南的荔枝，其实

1
—
2

1 桃金娘花儿。桃金娘（*Rhodomyrtus tomentosa* [Ait.] Hassk. ），桃金娘科桃金娘属常绿灌木。2013 年 5 月摄于深圳西冲天文台山坡。

2 海边山坡上的野生桃金娘。2013 年 5 月摄于深圳西冲天文台山坡。

他老人家还赞过这山捻子呢，而且用墨比荔枝多多了。不过我困惑的是，为什么现在很少看到有卖呢？

同事瞬间收起笑容，变得严肃起来，长叹一口气说，现在山上没那么多山捻子了，现在到处都是那些牵牵扯扯的藤蔓，压得山捻子都死掉了。

我知道他说的藤蔓是什么，是外来入侵植物薇甘菊和五爪金龙，繁殖能力超强，缠绕在本地植被上，密不透气地覆盖在表面，抢夺阳光、水分、空气，最后占据领地。近些年，深圳的山上、平地、林地，随处可见这些入侵植物，不知林业部门有无引起重视。

其实，我知道有个地方还是能看到满山桃金娘的，那是深圳西冲天文台的山坡，我去年在那里发现了满山的粉花和白花，今年看图谱得知了它们分别是野生单瓣栀子花和桃金娘。但令人担忧的是，不知道最后会不会也被入侵的藤蔓植物抢去生存的空间。

许地山有篇小说叫做《桃金娘》，讲的是闽南山区一名勤劳善良的女子金娘饱受迫害却仁心不变、为民谋福，最后抽身离去化为桃金娘的故事。山里的桃金娘花灿若烟霞，象征着淳朴、顽强的生命力。希望现实中的桃金娘，也能年年如此灿烂盛开下去，结出苏东坡笔下“殊甘美”的果子。

芒果

又到了青青芒果挂满树的季节。江南老家的朋友问我，深圳除了有荔枝吃，是不是还有芒果？我说，多到熟视无睹了，行道树大多都是芒果树，打开窗，手伸出去就能采几个芒果。朋友感叹一句，这是怎样的奢侈啊！

说起芒果，我回想起了几年前在学校刊物上写的一篇散文，写的是同事们住在教师公寓的快乐生活，配的照片就是一棵窗外的芒果树。小纱窗，绿叶掩映，青芒累累。其实那不是我的窗，也不是我窗前的芒果树，但它们正适合我彼时的心情——刚步入工作岗位，呼吸着南国温暖的空气，年轻人在一起自由自在，青涩新鲜，对未来充满希望。

芒果，漆树科大乔木，春天开密集的黄色或淡黄色小花，夏季果成熟，果肉鲜黄色、肥厚，味道酸甜。《中国植物志》称之“杧果”，芒果是通俗名。热爱植物的诗人安歌在《果实里那棵夏天的树》里写，“芒果还有很多别称，比如檬果；中国古代又有称蟒果、庵罗果、蜜望子——大多都是‘望’有关，不知道起这些名字的人，心里想借

1
——
2

1 芒果，《中国植物志》标注其正名为“杧果”（*Mangifera indica* L.），漆树科杧果属常绿大乔木。2014 年 5 月摄于深圳市南山区桃源村。

2 开着花的芒果树。2015 年 3 月摄于深圳大学城。

芒果望见什么”。读到这句“不知道起这些名字的人，心里想借芒果望见什么”，一句无依据的猜测，倒又让我想起当年窗外的芒果树和那时并不知所以的心情了。

欣慰的是，这么多年过去了，摸爬滚打，青春岁月已一去不复返，唯剩感慨，但说起芒果，我第一想到的依然是那年那幅画面。小纱窗，绿叶掩映，青芒累累，打开窗，伸手出去就能采几个芒果。

安歌还写了芒果树的来源，“在《大唐西域记》中有‘庵波罗果，见珍于世’的记载，或者因此便有传说，芒果的种子，是唐玄奘西行取经途中从印度引入了中国，那大约在公元632—645年间”。读别的文章，也看到了类似说法。由唐玄奘引入，增加了芒果在我心目中的传奇感。然而，事有蹊跷。

某晚和先生散步，看到路灯下小摊贩板车上黄橙橙的芒果，便说起了唐玄奘和芒果的故事。先生听后很快推断这是讹传，理由很简单，因为唐玄奘从现在的西安出发，来回所经之地并无当今常见芒果树的南方城市。

一番话有些道理，推敲起来是有蹊跷。在中国期刊网数据库查阅文献，发现还真有学者（杨宝霖）对之提出了质疑。作者通过大量史料驳斥了芒果由唐代玄奘从印度传入之说，考证了《大唐西域记》中所说的“庵波罗果”应为现在的沙果。那么，既然不是唐玄奘带入，又是何时传入呢？作者考证，明代嘉靖年间地方志开始有芒果的记载，推测是明代初年传入。

年代虽已考，但具体的传入过程，即何人、何时、何种因缘际会，都消失在历史迷雾中，无从得知了。今人对于芒果，不知道也无从在意那些遥远的过往，只是简单而尽情地享受芒果味道。

我身边很多人喜欢许留山。许留山，这家发家于香港、以芒果为主材料的甜品店，带给人浓烈而清新的南方味道，就像安歌写的，“芒果和夏天合作的热带夏日的味道”。

说完热带夏日的味道，安歌最后有一句神来之笔，“本来是说芒果树的，却说了这么多吃芒果，大约也是因为我相信，每一颗果实里都有它的树，如果你想见芒果树而不得，那么去吃芒果吧，在它每一滴清香流溢的黄里，都有芒果树的样子”。

我想接着这句说，每一颗果实里都有它的树，而我窗外的芒果，还是我生命中的定格，诗意的，珍贵的。

芭蕉

芭蕉是南方植物中难得能够常常入诗入画的风雅之物。

有人见其形。“芭蕉叶大栀子肥”（韩愈），夏季植物之酣畅饱满跃然而出。

有人听其声。芭蕉叶宽厚硕大，雨点打在上面滴嗒有声，形成如天籁般的自然节律，易触发人的情感，自古以来为人欣赏。自唐代边塞诗人岑参“雨滴芭蕉赤，霜催橘子黄”一句以来，雨打芭蕉已成为一种固定的文学审美意象。“隔窗知夜雨，芭蕉先有声”（白居易），是夜晚听雨的静谧。“窗外芭蕉窗里人，分明叶上心头滴”（无名氏），是愁绪和焦虑。“芭蕉得雨更欣然，终夜作声清更妍”（杨万里），跳出了凄清感，更多是对雨打芭蕉音乐层面的欣赏。近代形成的广东代表音乐《雨打芭蕉》，则流畅明快，展现了岭南丰收之喜悦。

有人五感皆通，情景交融。“是谁多事种芭蕉，早也潇潇，晚也潇潇”（李笠翁），满纸心事。

有人以芭蕉叶代纸，酣畅挥毫，成就了书法史上的一段佳话。相传怀素酷爱书法，但没钱买纸，就在木板上写字，因木板有限，便种植万株芭蕉，摘下芭蕉叶当纸用，后来干脆直接带了笔墨站在芭蕉树前，对着鲜叶即兴挥墨。

最有趣的是，中国文艺史上最大的一桩绘画公案也与芭蕉有关。据传，王维曾画有一幅《雪中芭蕉》——一株在白雪覆盖下翠绿的芭蕉。这幅画在中国绘画史上引起了极大的争端，甚至至今都有人为之烧脑，为之论战。雪中芭蕉，看似一对矛盾体，大雪在北方寒冷之地才有，而翠绿的芭蕉则生在南方温暖之地，两者怎么可能出现在同一副画面中呢？为此，各路能人为之争论不休，形成了神理说、写实说、事谬说、佛理说、象征说等多种论派。简言之，有人认为王维寄情于物何必在乎寒暑；有人考证了芭蕉的分布地域，认为有些地方出现下雪时还有芭蕉的情况并不稀奇；有人认为王维压根就是不认识芭蕉，所以画错了芭蕉；有人认为雪中芭蕉图原为袁安卧雪图，是一种佛理寓意画，表达了对适意人生的追求；还有人认为王维此画重在象征，不必纠结具体事物。

争来争去也没有结论，诗佛的心思你别猜。遗憾的是原画已经失传，挑起话题的沈括也没有把这幅画给别人看过，只说家里收藏了此画。实际上后人讨论了半天却谁也没有真正见过这幅神奇的《雪中芭蕉》。

带着这么多传奇的芭蕉，深圳很常见，山林、荒地、路边、屋旁。我的学校深圳大学城也有，只是与诗画中的芭蕉韵味迥异，它们身处于充满现代气息的楼群旁，这些楼里是各种研究尖端前沿的实验室。名校到深圳办学，师生们忙忙碌碌，筚路蓝缕，分秒必争，没有人有时间停下来欣赏它们，倒是应了那句“流光容易把人抛，红了樱桃，绿了芭蕉”（蒋捷）。不知不觉青春已老，时光倏忽，当歌当泣。

视若无睹对人、对芭蕉都残忍了，不知道现实中还有没有小说中那样的文艺范儿：

柳原举起玻璃杯来将里面剩下的茶一饮而尽，高高地擎着那玻璃杯，只管向里看着。流苏道：“有什么可看的，也让我看看。”柳原道：“你迎着亮瞧瞧，里头的景致使我想到马来的森林。”杯里的残茶向一边倾过来，绿色的茶叶粘在玻璃上，横斜有致，迎着光，看上去像一棵翠生生的芭蕉。底下堆积着的茶叶，蟠结错杂，就像没膝的蔓草和蓬蒿。流苏凑在上面看，柳原就探身来指点着。隔着那绿茵茵的玻璃杯，流苏忽然觉得他的一双眼睛似笑非笑的瞅着她，她放下了杯子，笑了。

语出张爱玲《倾城之恋》。看到这段，你举起玻璃茶杯看“翠生生的芭蕉”了吗？

读了点资料还得知，与香蕉很相似的南方水果芭蕉并非《中国植物志》学名为“芭蕉”（Musa basjoo）的植物之果，而是大蕉

结出广东常见水果“芭蕉”的大蕉（*Musa × paradisiaca*），芭蕉科芭蕉属草本植物。2014 年 7 月摄于深圳大梅沙。

(Musasapientum)。《中国植物志》中记载，芭蕉中有宽 6—8 毫米的籽，我们吃芭蕉的时候从未有过这种经历吧？学名为芭蕉的植物，原产于日本，日本人利用其粗纤维织布造纸。

木槿

吴冠中先生《画眼》一书中收录了一副墨彩《木槿》，这幅画我非常喜欢——高而窄的画幅，枝条是向上生长的线，木槿花是密布的点，枝墨黑，叶暗绿，素白的花朵中心一点红，点线结合，明暗相间，似有无声的节奏感。配了文字更有味道：

> 她皮实，旱涝忍得。她叶密，不很鲜碧。她的花红而不艳，白花倒很亮丽，且红心闪闪。南方的木槿成排疯长，被修剪当篱笆用，无人欣赏。我在前海住所偶种一棵木槿，她长成茂密的树，高过屋檐，满树白灿灿的花，一身华装，遮掩了我的破败门庭。岁月飞逝，今非昨，画中追忆，其猛长的力。

虽然吴老画的是北京前海住所的木槿，但每逢看到这幅画，读到这段文字，我就很想念江南老家的木槿。也许因其“不很鲜碧”、“花红而不艳”，在江南，木槿不是什么稀罕的植物。我的印象中，木槿就是篱笆，墙角、路边、屋旁，一排排的。

记得小时候对家附近的皮鞋厂很好奇，一直想进去看看却不被允许，后来终于有一天趁门口没人就和几个小伙伴偷闯进去了。放眼望去，整个厂子一圈围了篱笆，全是一种开满了花的树。我们顿时忘了皮鞋的事儿，开始摘起花儿来玩。这时突然想起叮叮当当的敲打声，我们吓得作鸟兽散。敲打声其实是钉皮鞋的声音，可那时我们还以为是什么恐怖的声音呢！不过我们几个在别的小孩面前很神气，因为我们有胆子探险，要是不信，看，我们还揪了那地方篱笆上的花儿呢，有此为证。说来也奇怪，之后就发现其实房前屋后随处可见这篱笆花，只是一直不知其名。

去年暑假在江南老家的小区里散步，又看到木槿篱笆上的木槿花开，就跟母亲说起了这件事，感叹时光飞逝。母亲告诉我，只道这花叫金茄花，不知道还叫木槿，金茄花的叶子可以洗头，以前女人们摘下叶子，在水里搓烂，就可以洗头了，洗完头发很清爽。

每当听我母亲说起各种植物的用途，就特别羡慕“那个年代”的人们，人与植物之间的关系那么亲近，他们能熟知在什么时令、什么地点寻找什么样的植物，来让日常生活充盈着草木清香。今天的化工用品让我们的生活非常便利，然而总似乎少了点什么，比如洗发水，也许含有植物成分，但那些植物的名字，却只是印刷在包装上的字，无法让我们真正感受到自然中具体生命的色、香、味。

网上一查，还得知了前些年在福建龙岩吃的一种用花做的菜就是木槿。饭店的阿姨只说那是花，吃了美容养颜，却说不出来是什么花。紫红色的木槿花过了开水之后颜色变浅，一时认不出来，我的家乡江南虽然有很多木槿花，却似乎没有人吃，我自然也想不到。

其实，木槿并不是只能用来作篱笆、洗头或者做菜，木槿也是可欣赏的植物。在《诗经》中，木槿花曾被用来形容美女。《诗经·郑风·有女同车》曰，“有女同车，颜如舜华。将翱将翔，佩玉琼琚”，说的是一名贵族男子驾车带着一位美女兜风，美女颜值很高，像一朵木槿花。这里的“舜”就是木槿，舜华就是木槿花。“舜”字解释为“瞬”，刹那、瞬间意思，因人们观察到木槿花朝开暮落，生命短暂，故用“舜”来命名。

生命短暂，令人惋惜，不过木槿给人的感觉却并不伤感，大概是因为木槿总是热热闹闹开很多，就算今天花落了，明天也总有新的花开，就这样从初夏一直开到深秋。人们看到了生命短暂，同时也看到了生命不止。韩国将木槿定为国花，因欣赏其“无穷”。

有意思的是，后来又看到了吴冠中先生的另一幅《木槿》，是油画。这幅油画曾流失，几度被拍卖，1997年在香港以三千九百多万的天价成交。吴冠中先生在自传中这么回忆这幅画：“有一株木槿长得高过屋檐，满身绿叶素花，花心略施玫红，这丛浓郁的木槿遮盖了我家的破败门庭，并吸引我作了一大幅油画，此画已流落海外，几度被拍卖，常见图录，但画的母体却早已枯死了，愿艺术长寿。”

1
2 | 3

1 木槿（*Hibiscus syriacus* L.），锦葵科木槿属落叶灌木。
2015 年 8 月摄于江苏省常州市。

2 淡紫色木槿花。2014 年 8 月摄于江苏省常州市。

3 白色木槿花。2015 年 7 月摄于江苏省常州市。

木槿植物本身并不能真正无穷，幸而在文学、艺术中可以不朽。闻之心中一宽，为木槿高兴。

朴树

一直以为，朴树只是一名校园歌手创造出来的艺名，暗示着歌手在音乐中对某种质朴青春的审美和追求。直到翻植物图谱看到了“朴树”，才知道世界上真的存在一种树叫朴树，荨麻目榆科朴属落叶乔木。

看了图谱也才知道，原来我的校园深圳大学城就有朴树。在一处草坪上，几棵朴树舒朗地长着，春天抽出新叶，夏天绿荫如盖，秋天树叶金黄，冬天繁华落尽。我喜欢朴树，就算以前不知道它们的名字叫朴树，我也喜欢这种树。

多少次，我站在树下，欣喜于在早晨的阳光下看到了清新的“女儿绿”；赞叹它的树叶怎能生得如此不疏不密，正好可以让光线一丝一缕穿过，在树下的草地上投下梦幻的光斑；沉溺于秋日夕阳下它静谧而灿烂的黄，那是南国难得见到的秋色；或者，感受朴树在冬天树叶落尽后的那份冷静。

我拍摄它们、画它们，甚至摘下树叶压干做成标本镶在画框里。朴树的树叶是很美的，清晰的三出叶脉，边缘有小锯齿，轮廓线条干

1
—
2

1 朴树（Celtis sinensis Pers.），榆科朴属落叶乔木。2014年5月摄于深圳大学城。

2 秋冬季朴树树叶变黄后掉落。2014年12月摄于深圳大学城。

净明白得像画上去的，又流畅精致得让人感叹除了大自然本身恐怕没有人能画出这样的树叶。

知道了它们的名字就是“朴树”后，每当走到这几棵树下，又多了一份美丽的联想。大学时代是听着朴树的歌过来的，《那时花开》、《生如夏花》，安静朴素的唱法，歌词里带着忧伤、孤独和梦想，一如校园里的男孩独自坐在窗前弹着吉它唱歌一样。歌手朴树原名濮树，不知道他将名字改为“朴树”时，是不是见过朴树？不知道他是否曾经站在朴树下，胸中涌动着音乐创作的灵感。那是无比美好的场景。

也许是因为校园歌手朴树比植物朴树出名多了，当我在校园中告诉男生女生，那几棵就是“朴树”的时候，他们的第一个反应都是，哇，原来真的有朴树这种树啊，然后就开始聊起朴树的那些校园歌曲来。不知道是哪个朴树成就了哪个朴树，总之，朴树还真是很有校园气息。

然而，近期浏览百度百科时发现，其实作为植物的朴树，其“朴”字读音并非朴素的朴，而是“po”。查商务印书馆 2001 年《新华词典》，朴树的朴读音果然为“po”（四声），注解为落叶乔木，果实近球形，橙色，树皮光滑，灰褐色，可作造纸原料。

Po（四声）树，读起来像“破”树，骂人话，哦不，骂树的话。不同读音带来的感觉前后一对比，真叫人大跌眼镜。这美丽的树要是会说话，该要叫屈了。

所幸的是，偶然读到了作家华姿在《万物有灵皆可师》中的一篇文章，引领我超越了对朴树外在和名字的审美。华姿写道，“有个心理学家讲，当一个人焦虑不安或是心灰意冷的时候，如果走进树林，抱住一棵树，而后静静地待一会儿，那么，他就会渐渐平静，并对人生重新充满信心和盼望。因为树里是有阳光的。比如这棵朴树，在它生长的几十年或者几百年里，那照耀过它的阳光，并没有随着落日消失，恰恰相反，所有照耀过它的阳光，都被它贮存在了年轮里。这真是奇妙。”

的确奇妙，树里是有阳光的，作家的文字里也是有阳光的。我好像豁然开朗，明白了一些什么。不过我没有像华姿那样去抱一棵朴树感受一下心理学家说的是不是真的，抱抱树就能从沮丧失意变得信心满满，这多少有些抽象和主观，若没有理解何谓“树里是有阳光的”，抱多少棵树都不管用。

我觉得最奇妙的是，读了这段有关朴树的文字后，我十分相信，既然树能把阳光贮存在自己的年轮里，那么，“一个人若能跟树一样，把那些健康的、有价值的思想、知识和情感，适时地储存在自己的生命里，那么，他一定会成为一个美好的人，一个内心丰盛的人，一个在他人需要时能及时地给予扶助和安慰的人。”

保持内心的朴素炙热，初心不改，储存正能量，成为像树一样温暖的人吧。

木芙蓉

苏东坡有诗云，“千林扫作一番黄，只有芙蓉独自芳”(《和陈述古拒霜花》)，说的是锦葵科木槿属植物木芙蓉。木芙蓉又叫拒霜花、芙蓉、木莲，是秋天最晚的花。然而，在我的江南老家，夏末秋初的八月就可以看到木芙蓉开花了。

木芙蓉有单瓣的，也有重瓣的。花型与它的近亲木槿类似，但比木槿花色娇艳。叶形也美，是宽大而油绿的掌状。枝干疏朗有致。明代文震亨的《长物志》一书说，“芙蓉宜植池岸，临水为佳”，着实观察细腻、总结到位。我见到的木芙蓉，有种在庭院的，有栽于绿化带的，但最有韵致的属河边湖畔的。芙蓉照水，水光滟潋，花更艳，水更柔，说不出的温柔情致。

早就知道木芙蓉有“贵妃醉酒”的姿色——同一朵花，一日可三变，早晨雪白，上午染上粉红，中午以后红色更艳。花色之变幻，就像贵妃的脸颊，因不胜酒力，由白皙一点点变得绯红。民间称之“三醉芙蓉”，或“弄色芙蓉”，赞美其“晓妆如玉暮如霞”。看木芙蓉时，回回心藏期待——这次遇见时，它是否已酣醉呢？

1 单瓣木芙蓉。木芙蓉（Hibiscus mutabilis L.），锦葵科木槿属落叶灌木或小乔木。2015 年 7 月摄于江苏省常州市。

2 重瓣木芙蓉。2014 年 8 月摄于江苏省常州市。

3 木芙蓉的落花，瓣色已深。2014 年 8 月摄于江苏省常州市。

1
2
3

木芙蓉不仅是极具观赏价值的自然之物，还带有许多美丽的传说，如宋真宗的大学士石曼卿化身芙蓉花神之说，又如木芙蓉花精填完诗人王昌龄一半诗稿，于是诗人终其一生爱上了月下水中看到的木芙蓉花精影像的绮丽故事。最有名的，是成都的别称“蓉城”的由来。“蓉城”的“蓉”即取自“木芙蓉”。作家阿来在《成都物候记之芙蓉》中说，蓉城的传说有两个版本：一说“龟画芙蓉”，成都初建城时，地基不稳，屡建屡塌，后来出现一只神龟，在大地上匐行一周，其行迹刚好是一朵芙蓉的图形，人们依此筑城，“蓉城”由此得名；再一则说“芙蓉护城”，五代十国时，后蜀国郡孟昶为保护城墙，命人在成都城上遍植芙蓉，每当秋天芙蓉盛开，“四十里芙蓉如锦绣”，成都便从此名为“蓉城”。阿来还在这第二则故事后补充写道，成都人还更愿意相信，孟昶之所以选择用芙蓉防护和装点成都，是受其王妃花蕊夫人的影响——这位花蕊夫人喜欢赏花观花，她在郊游时，发现了这傲寒拒霜的芙蓉花，非常喜爱，孟昶为讨其欢心，才在成都遍植芙蓉。

花神花精的传说固然神奇，君王美人的故事也的确动人，然而，此类题材似不免俗套。在我读到的木芙蓉故事中，最惊艳的，是唐代才女薛涛的一项独创——薛涛笺。据传，唐代时，浣花溪的百花潭边有许多造纸作坊，而才女薛涛家就住在造纸作坊旁，这位才女既才思敏捷又富有创新精神，她竟跑到造纸作坊，亲自督导，用“浣花溪的水、木芙蓉的皮、芙蓉花的汁”，制成了薛涛笺。这种笺只深红一小幅，却颜色花纹精巧鲜丽。薛涛用它写诗，与元稹、白居易、杜牧、刘禹锡等人唱和，还专用来写“不结同心人，空结同心草”这样的情句，可谓旖旎风雅之极。

如今，习惯收发电子邮件的我们，习惯用电脑键盘打字的我们，对信笺、纸质书写大概很陌生了吧。细一想，信息时代虽然方便快捷，却到底少了些什么。因为便捷，我们不再字斟句酌，我们不再思念等待，而是不停地制造一串串看不见摸不着的数据。而薛涛笺呢？薛涛笺流动着浣花溪的水光，它的纹理来自木芙蓉的皮，它的胭脂红来自芙蓉花的汁，它散发着草木的气息，蕴含着植物的生命、天地的造化和才女聪慧灵动的心思。遗憾的是，科技发展，历史向前，有些东西也许注定退让消散。

一天，六岁的女儿拿着一个药瓶子对我说，小区的树下捡到了一些白兰花，闻起来很清香，把白兰花泡在水里，密封在瓶子里，过几天就做成白兰花香水了，她要把自制的白兰花香水送给她的好朋友。做香水哪那么简单？正想责怪她把袖子弄湿了，忽然就想起了“薛涛笺”。也许，无需遗憾世间不再有人书写薛涛笺了，薛涛情怀犹在。

栾树

十二月初，深圳，我在校园的青石板小路上捡到了栾树的蒴果。

栾树蒴果看上去有种似曾相识的漂亮——三瓣又薄又脆的果皮围拢成三棱形，前端小心翼翼地开着口，像个灯笼，像个铃铛，也像一种俗称姑娘儿的北方水果酸浆。

或者，熟悉深圳市花簕杜鹃（又称三角梅）的人会觉得，栾树蒴果像簕杜鹃的花，连那蒴果外皮的网状脉络，都与簕杜鹃苞片的脉络纹案几乎如出一辙。与簕杜鹃不同的是，成熟的栾树蒴果呈褐色，而簕杜鹃就算已经开败，其苞片还保持着鲜艳的色彩。

不过，栾树蒴果在成为褐色之前，也曾有过光鲜的颜色。刚结的蒴果浅绿和粉红渐变交映，随后变成深浅不同的酒红，在阳光下摇曳着醉人的色彩，秋风洗礼后，红色渐渐沉淀为温和内敛的褐色。

当栾树蒴果正红时，往往被误认为是栾树开花。这种误会其实也不奇怪，谁叫栾树的花那么低调，低调得让人常常将它忽略呢？栾树四五月份开花，聚伞圆锥花序，细细的淡黄色小花，生在树冠顶端，与绿色相近相融，朝着天空伸展，很不起眼，不易发现。若不是掉下一些落花来，走过路过几乎难以注意到栾树的存在。倒是蒴果红了之后，红色与绿色反差强烈，栾树仿佛才从一片绿意中跳脱出来，进入人们的视线。在人们的一般概念中，花儿就是如这般鲜艳的，不是吗？

台湾美学家蒋勋在《此时众生》里写过栾树，善于发现美的蒋勋自然注意到了栾树的特殊之处，他写道，普通植物大多是花儿极尽娇艳诱惑之能事，果实则像怀孕了的妇人般安静满足，仿佛所有的激情骚动都平静了下来，然而像栾树这样的植物则相反，它的花儿是害羞谦逊的，果实却艳红一片，如火炽热，它所有的力量和美貌都在彰显着孕育的喜悦。

类似的植物，我知道的还有苹婆。苹婆的蓇葖果鲜红逼人，说它不是树上开出的妖艳大红花，估计很少有人愿意相信；而苹婆的小花又细又小又黯哑，不走近了细看根本注意不到。

我的感觉与蒋勋是相似的，我常常看到红艳艳的蒴果时，才惊觉错过了栾树的花季。因为这样的一种经验，使得我在网上看到北京怀柔红螺寺栾树花盛开的照片时大吃一惊。遥看红螺寺所在的山坡，一派苍翠中点缀着一团团灿烂的金黄色，在古朴幽深的寺庙建筑群中撒上了一抹抹明亮通透的光芒，看得人心生喜悦和敬意。

1 冬天，栾树的蒴果变成褐色。栾　树（*Koelreuteria paniculata* Laxm.），无患子科栾树属落叶乔木。2015 年 12 月摄于深圳大学城。

2 栾树新结的粉红色蒴果，往往被误以为栾树开花。2014 年 9 月摄于深圳大学城。

3 栾树蒴果。2015 年 12 月摄。

1
—
2
—
3

原来，不仅栾树蒴果是好看的风景，害羞谦逊的栾树花儿也可以成为一景。同样的东西，用远近高低不同的视角去看，呈现的景象是不同的。

从有关红螺寺栾树的资料中，我还得知，栾树在春天长出的第一期嫩芽是可以吃的，民间俗称“木立芽”、“木兰芽”，做法是先浸泡去除苦味，然后凉拌或做成馅料，据说口味清淡鲜美，而且营养丰富，已成为北京西郊的一道著名野菜。红螺寺那些长成参天大树的栾树，也许曾在春季化为清淡的斋饭，陪伴着僧人渡过修行的岁月。

广东人爱吃、善吃，奇怪的是，我在深圳工作多年，常见栾树，却没有见过有哪家饭店以栾树嫩芽入菜的，是广东人还不知道这个秘密呢，还是广东水土使其“南橘北枳”口味不佳呢？不得而知。

还有一个惊喜的发现也与寺庙有关。栾树蒴果里面又黑又亮又圆的种子，是可以穿起来做佛珠的。这一点在沈括的《梦溪笔谈》、李时珍的《本草纲目》、徐珂编撰的《清稗类钞》，以及佛经中都有记载。

我查看捡回的蒴果，干得脆脆的果皮里面果然藏有几粒黑亮的种子。一整年的修行，冬天换来几粒佛珠，寓意深长。我怀着虔诚的心，把栾树的蒴果放在茶托上，边喝茶边思考与栾树有关的一切。

后来，北京大学的刘华杰教授告诉我，如果剥开栾树那黑亮的种子，还有惊喜，会看到里面有两片子叶是卷着的。刘老师又一次成功地激发了我的好奇心。我尝试着想剥开它，然而可能是因为我捡的种子太干燥了，怎么都弄不开。也罢，就让我把好奇心当个玄机珍藏到佛珠里面，与我常相伴吧。

菖蒲

循着山间小道徒步，浓密的竹林，将夏天午后灼烈的阳光层层过滤、冲淡，落下金褐灰黑的竹叶影子，一切都幽暗下来。而此时我的五感却异常灵敏，只觉四周光影浮动、水声潺潺、气息清冽，如入仙境。溯溪而上，看到一处水质尤为清澈，便蹲下来取水，一抬头，我遇到了菖蒲。

在清幽的山中遇到菖蒲，就像遇到了神仙。那细长干净的叶子，是与世无争的暗绿色。竹林下光线幽暗，却让它显得更加深邃脱俗。溪水流过它的身躯，发出淙淙之声，它却依然那么飘逸淡然，仿佛让溪水也变得冰冽。

怪不得古人称菖蒲为“天下第一雅”。备受文人雅士喜爱的植物，最有名的当属梅兰菊竹，但若单是论雅，菖蒲、兰花、水仙、菊花并称“花草四雅”，而这四雅当中，排名第一的则是菖蒲。为什么菖蒲是第一雅呢？热爱花草的作家张梅在《握一束菖蒲回家》中写道，“它们的雅各有千秋，兰花水仙是精致的雅，菊花是倔强的雅，唯有这菖蒲吸取的是天地间的水汽灵韵”，“雅走阳春白雪的路子容易，可

1
—
2

1 菖蒲（*Acorus calamus* L.），天南星科菖蒲属草本植物。2015 年 7 月摄于江苏省常州市。

2 吴昌硕岁朝清供图。图片来源于网络。

像菖蒲这样，能入得烟火平实的雅，可谓是大隐隐于市了”。

“天地间的水汽灵韵”，说得玄妙抽象，似难以具象，但当我在山中溪石畔看见菖蒲时，它那自在高雅的仙姿，的确让我惊奇赞叹。

说实话，早就知道菖蒲这种植物，儿时曾在端午节前夕看到集市上有一束束扎好的菖蒲艾草卖。在民间习俗中，菖蒲和艾草是可以用来驱邪避灾的。菖蒲叶片细长挺直，中间有鼓起的棱，像一把宝剑，方士称之为“水剑”，用来驱除不祥。传说钟馗捉鬼用的就是菖蒲剑，这一象征意义，总让我对它有点尊敬而不敢靠近。

后来在屈原的《楚辞》中读到了它，才有了审美的胆量。“夫人自有兮美子，荪何以兮愁苦。”“荪”的注解就是“蒲”，今天的植物学将其划分为天南星科的菖蒲。作为《楚辞》中的香草，菖蒲在我心目中的印象比最初那严肃的捉鬼宝剑多了几分亲近和飘逸。

有一段时间，我手头上已经积累了各种“疑似”菖蒲的照片，为了搞清楚菖蒲、香蒲、黄菖蒲等几种植物的异同，我翻阅了不少图谱和植物文章。在植物学的基础上分清楚以上植物的科属种之外，我还欣喜地发现，我们情趣丰富的大文豪苏东坡先生，与植物的各种缘分，除了荔枝、桃金娘，还有关于菖蒲的故事。

苏东坡玩雅，已经不满足于梅兰菊竹，转而欣赏更“小众高端”的菖蒲之美了，并钻研了一套培植心得。苏东坡曾在山东文登蓬莱阁丹崖山旁取弹子涡石数百枚，用来养菖蒲，并在《石菖蒲赞》中写道，“惟石菖蒲并石取之，濯去泥土，渍以清水，置盆中，可数十年不枯。虽不甚茂，而节叶坚瘦，根须连络，苍然于几案间，久而益可喜也”。想必这位大文豪的书桌案头总是摆放着一盆清矍的菖蒲的吧。

《楚辞》将菖蒲列为香草，菖蒲的确是有香味的，如何形容它的香味呢？菖蒲文化研究者王大濛解得好，“中国人对香的要求是文雅的，也是有深度的。菖蒲的香气是带着生拙的味道，醒透深沉，她不是表面的香。所谓生拙，好象表面上是不太漂亮的香，也就是很内在。”菖蒲的香味，是内在之香，这一点与它的精神寓意完美融合了。

菖蒲也是可以作为清供的，在网上看到一幅吴昌硕的《岁朝清供图》，画着水仙、天竹子、牡丹、佛手、荔枝、释迦，还有一种植物，叶片看着很像兰，但比兰叶短，比兰多了份拙朴野气，现在我知道，那是菖蒲。

芦苇荡

十月，薄暮时分，天津东北部的七里海芦苇荡，苍苍茫茫，看不到边。我从公路下来，踩着铺满了松脆芦苇秸秆的地，绕过堆得高高的金黄色芦苇垛子，找到了一个似是通往芦苇荡深处的豁口。这个豁口像细窄蜿蜒的河道，在密不透风的芦苇荡中开出了一条隐秘的水路。水看样子不深，我捡起一块小石头，用力投向水中。芦花丛中一阵骚动，大群鸟雀惊起，振翅嘶鸣，又顷刻间消失，只剩下秋风吹过芦苇时发出的飒飒声，低沉悲壮。

说到芦苇，很多人首先想到的是《诗经》中的《蒹葭》，“蒹葭苍苍，白露为霜。所谓伊人，在水一方”。蒹葭，即为我们现在所说的禾本科植物芦苇。先民赋予芦苇“蒹葭”二字，音形兼美，带给我们古雅诗意的想象。然而，在天津七里海湿地这一带，到处是芦苇，一眼看过去，无比辽阔，无比旷野，一头扎进去，又密不见日犹如迷失。这让我首先想到的，是作家孙犁在《白洋淀纪事》中对芦苇荡的描写。

芦苇荡是抗战儿女天然的藏身屏障，孙犁在《白洋淀纪事》中写，苇子“狠狠地往上钻，目标好像就是天上”，夜晚的大苇塘“阴森黑暗”，“天空的星星也像浸在水里，而且要滴落下来的样子，到这样的深夜，苇塘里才有水鸟飞动和唱歌的声音，白天它们是紧紧藏到窝里躲避炮火去了。”日本人“从炮楼的小窗子里，呆望着这阴森黑暗的大苇塘”，提防有人给隐匿在其中的游击队送补给，却什么也看不清。

因孙犁的名作，人们熟知白洋淀的“大苇塘”，而很少有人知道，七里海的芦苇荡也曾同样谱写了智慧英勇、悲壮慷慨的抗日之歌。夜晚，我们全家坐在北方的大院里，听奶奶（我先生的奶奶，天津七里海人，曾组织当地的抗日妇救会）讲述那些在抗战岁月中的故事，耳边仿佛还响着傍晚在芦苇荡中听到的飒飒声。

芦苇秆直叶韧，可用来编苇席、扎笤帚，还可作为建筑材料，日本人入侵时，将其列为重要的战争物资。那时，日本鬼子钻进芦苇荡，割伐后整船运出。就怕鬼子不进芦苇荡，进了正好收拾他们。我们的游击队员隐匿在芦苇荡中，神不知鬼不觉就把鬼子的运输船点着了，烧得鬼子哇哇大叫、闻风丧胆。

日本鬼子在河岸两边重要地段修建了炮楼，日夜监视着芦苇荡。我们的游击队员也不能一直藏在里面，遇到需要人员转移的时候，就由一个队员装扮成当地瓜农，在芦苇荡中摇着一艘载满西瓜的小船，船底下藏着要转移的人员，每个人嘴里插着一根两头通的芦苇杆子，杆子一端伸出水面，让船下的人呼吸到水面的空气。运瓜船经过日本鬼子的炮楼时，鬼子嘴馋，吆喝瓜农抛一些西瓜到岸上。瓜农顺应着

1
—
2

1 秋风吹过芦苇时发出飒飒声。芦苇（*Phragmites australis* [Cav.] Trin. ex Steud.），禾本科芦苇属水生或湿生高大禾草。2015 年 10 月摄于天津七里海。

2 暮色中的芦苇荡。2015 年 10 月摄于天津七里海。

抛了，可总是抛不准。不少西瓜掉进了水里，漂浮在水面上。这时候，隐藏在船底的游击队员每人头戴瓜皮帽，嘴里仍旧咬着芦苇杆子，混在漂浮的西瓜中顺流而下。

戴着西瓜皮帽嘴里插着芦苇杆子泅在水里混在西瓜中逃过鬼子的封锁线，听起来似乎充满传奇浪漫的色彩，然而，真的这么容易和“好玩”吗？其实不然。奶奶说，鬼子也精明，怀疑起来就往水里放枪，打碎西瓜，有时候，打到的也是我们的游击队员。战争没那么容易，更不好玩，只有残酷。

大家静默了。月华如水，倾泻在我们身上，也倾泻在无边无际的芦苇荡中。

正值抗战胜利 70 周年，我又去了一趟芦苇荡。秋风吹过芦苇，发出低沉悲壮的飒飒声，似也在向抗战中的英雄儿女致敬。

曼陀罗

美丽、奇毒、情欲、诱惑、迷幻、恐怖、诡异、阴谋……恐怕没有哪种花能像曼陀罗这样，能引起人如此多矛盾而复杂的遐想。也许很多人没有见过现实中的曼陀罗花，却在武侠小说、传奇志怪，或者宗教故事中听闻过它的大名，对其“不明觉厉”。

曼陀罗，茄科曼陀罗属植物，有草本也有木本，全株有毒，蒴果特别是种子毒性最大。曼陀罗之毒，毒可致幻、致命。《本草纲目》记载，“相传此花，笑采酿酒饮，令人笑；舞采酿酒饮，令人舞。予尝试此，饮须半酣，更令一人或笑或舞引之，乃验也”。按现在的科学分析，曼陀罗含有莨菪碱等生物碱，能打断副交感神经的支配作用，使人意识模糊、幻听幻视，严重者昏迷死亡。

有人考证，传说中“杀人抢劫，武侠小说必备”的“蒙汗药”，其主要成分便有这曼陀罗。《水浒传》中，梁山好汉晁盖等人为智取生辰纲，把蒙汗药下到酒里，将公差麻晕在地，然后大摇大摆地劫取财物。蒙汗药到底是用什么做的？明代叶郎瑛在《七修类稿》中记载：“曼佗罗花，盗采花为末，置入饮食中，即皆醉也。据是，则蒙汗药非妄。”更早的，南宋周去非在《岭外代答》中也曾写，“盗贼采干而末之，以置人饮食，使之醉闷”。

这毒用好了，可以治病救人。据研究，东汉末年名医华佗发明的“麻沸散”，其主要成分就是曼陀罗花。使用麻沸散后，能令人迅速昏睡、不省人事，动刀子也不觉疼痛。华佗用此方法成功地做了几桩惊心动魄的大手术。用中草药麻醉后施行外科手术，这在整个世界医学史上是最早的，值得骄傲。可惜的是，华佗本想用麻沸散给曹操做开颅手术治疗其头痛之疾，却死于曹操的多疑。

曼陀罗的毒性为这种植物蒙上了层层神秘的色彩。在欧洲、美洲文化中，曼陀罗常用于神秘仪式中，传递着恐怖、阴谋、死亡等信息。据传，在古老的西班牙，曼陀罗常生长于刑场附近。人们还赋予不同颜色的曼陀罗花不同的象征意义，比如白色的曼陀罗花能打开“情欲之门”，而蓝色的花代表“诈情骗爱”。最血腥诡异的传说是有关黑色曼陀罗花的，据说闻到它的香气就能让人产生轻微的幻觉，看到花里面的精灵，这位精灵可以实现人们的愿望，但交换条件是人类的鲜血，许愿者需要用鲜血浇灌它，享受曼陀罗花给予的爱，同时接受它黑暗的复仇。

说了这么多传说中的曼陀罗花，也该说说现实中的曼陀罗花到底长什么样了。

其实，我之前一直以为，曼陀罗和罂粟一样，充满禁忌感，应该是极为罕见的。偶尔翻图谱看到，也是怀着无比敬畏的心情，屏声凝气翻过那一页。没想到十月初在天津的郊外采风时，竟发现野地里到处长着曼陀罗，多到连我住的院子隔壁那家门外就有一株。

更令我瞠目结舌的是，当地的孩童把曼陀罗带刺的蒴果采下来，和苍耳一起，当成大子弹和小子弹，去砸毛毛虫玩儿，吓得我气急败坏跟着他们追喊，喂，你们知道那是什么植物吗，那是鼎鼎大名的曼陀罗啊！然而这一喊并没用，当地人管它叫喇叭花，少有人知道那就是曼陀罗，谁不是从小玩到大。其实我也是神经过敏了，只要不是吃下去，玩玩倒也不至于中毒。我这紧张，不也是被各种传说给吓的嘛。

天津野外最常见的是淡紫色的，显得很是清丽朴素，要不是知道那么多故事，倒是难以与前面说的那么多光怪陆离的意象联系到一起，不过，这花儿有一点非常特别，叫人过目难忘，再看几乎要迷失其中——连在一起的五个花瓣，每个花瓣的顶端有一个细长的尖角，尖角拧成姿态不一的曲线，却往一个方向螺旋，从花的正面看，仿佛看到一个运动的漩涡，充满魅惑，简直要把你吸进去。非常想看，又不敢多看，真是美丽而可怕啊。

有一天我出门，看到隔壁院门外的那株曼陀罗已经和其他杂草一起被铲了，我大吃一惊，竟然被铲了！不是可惜这么一株“厉害”的植物就这么死于非命了，而是想起另一则恐怖的传说：曼陀罗花被人连根拔起时，会发出尖叫，这尖叫声会令周围所有的生物死亡。这当然只是个传说。不过，曼陀罗就是曼陀罗，这传说真叫人充满好奇而又怕得肝颤呢。

1
—
2

1 正面呈迷幻螺旋形的曼陀罗花。曼陀罗（*Datura stramonium* L.），茄科曼陀罗属直立草本或木本植物。2015年10月摄于天津七里海。

2 曼陀罗卵状带刺的蒴果。2015年10月摄于天津七里海。

红花石蒜

从理性来说，植物背后的象征意义和传说故事，大多是人们臆造附会的，看则看了，大可不必太“入戏”。然而，在了解有关红花石蒜的故事后，我的情绪竟狠狠地被那凄美妖冶拿了一把。

红花石蒜，石蒜科草本植物，原产于中国和日本。这植物像遭了诅咒，开花不见叶，花谢后叶出，花红如血，触目惊心，爪状花瓣，勾魂摄魄，常在墓地附近或背光阴暗处开得繁盛。基于这些特点，我国民间多叫它“死人花”，传说它是通往冥界之花。在日本文化中，这花也同样带有死亡、孤独和不祥的色彩，日本人名之为“彼岸花”——彼岸花，开彼岸，只见花，不见叶，花与叶，生生世世不能相见。

传说，彼岸花盛开在黄泉路旁、忘川河畔、奈何桥头。人世间的男男女女死后，都要走过两侧开满彼岸花的黄泉路，走上奈何桥，去喝孟婆汤。孟婆汤又叫忘情水，喝了就会忘却今生今世所有的牵绊，了无牵挂地进入轮回，开始下一世。即便这辈子再相爱的两个人，喝过孟婆汤之后，来世也是陌路人。但有一些痴情的人，渴望在来世还能与相爱的人再续前缘，就不愿喝那孟婆汤。可以不喝孟婆汤，但必须跳入忘川河中，等上一千年才能轮回。跳进忘川河的痴情人，会看到奈何桥上走过今生所爱之人。河中之人拼命地呼喊爱人的名字，可是桥上的人是听不见也看不见河中之人的。千年之中，忘川河中的人看见所爱之人一遍遍地走过奈何桥，一次次地喝下孟婆汤，一场场伤心绝望，却始终熄灭不了心中的爱念。一千年之后，如果还能保持这份痴情，就可以带着前世的记忆重入人间，在人群中寻寻觅觅，去找前世最爱的人。

刺激的色彩，凄美的故事，这一通复述下来，让我心情忧伤沉重，尤其是想象着幽暗迷蒙中的画面背景中那大片血红的彼岸花。彼岸花，开彼岸，只见花，不见叶，花与叶，生生世世不能相见。忘川河中和奈何桥头一对人，也是生生世世不能相见，除非能够忍受千年的等待。

问世间情为何物，直教人生死相许。这已经不是一世之间的生死相许了，而是生生世世千年等待的煎熬。千年等一回，只为这一世再度相逢，这是多么入骨的执念，又是多么极致的爱情。

今年暑假探访位于江苏溧阳的南山竹海时，见到不少红花石蒜。黄昏时分，竹林幽暗，红花石蒜反倒越发妖冶红艳，灼灼之光，直戳人心。沿着山间小溪徒步，看一丛丛红花石蒜向远处蔓延开去，一路讲了“彼岸花”的传说，朋友们无不唏嘘感叹。

有意思的是，另一个很有名也常出现在小说中的植物名字——曼珠沙华，在日本文化中也被指为红花石蒜。“曼珠沙华”在梵语中的意思为“盛开在天国的花”，可以辟除邪气，给修行者在坎坷的修行路上给予扶助。同样是开在“路上”的花，通向“彼岸”，曼珠沙华的寓意要吉祥得多。

还有一种开黄色花的石蒜，也是花叶不相见，不过背后可没有那么沉重的故事，人们叫它“忽地笑”。探访完南山竹海后，我在南京的中山植物园看到很多“忽地笑”。这些花儿一片片开得轻飘飘、黄灿灿的，看起来比红花石蒜“简单快乐”得多了。

朋友告诉我，还有一种开白花的石蒜，浑身散发着圣洁的光芒，是传说中佛现时从天上降下的花。有一日翻看暑假在南京中山植物园所拍照片的文件夹，突然就发现了一种开着白花形似石蒜的植物，想必它就是了。没有红色的彼岸花惊心，也没有黄色的忽地笑喜庆，难怪我对它没有印象，但圣洁的光芒本来就是这样不带有浓烈情绪的吧。

1 传说中的“彼岸花”，一般是指红花石蒜。红花石蒜（*Lycoris sanguinea* Maxim.），石蒜科石蒜属草本植物。2014 年 8 月摄于江苏省常州市。

2 忽地笑（*Lycoris aurea*[L' Her.] Herb.），石蒜科石蒜属草本植物。2015 年 8 月摄于南京中山植物园。

3 白花石蒜，《中国植物志》标注为“乳白石蒜”（*Lycoris* × *albiflora* Koidzumi），石蒜科石蒜属草本植物。2015 年 8 月摄于南京中山植物园。

1
2
3

野牡丹

因一个多月来的龙舟水[1]，有些日子没到户外自然观察了。今天看外面雨停了，就出去走走。兴致突发走了一条平日从不去的路，竟意外地在大学城南面一处未开发地带发现一片小而清澈的湖。湖的三面长满了荔枝树和各种热带植物，而有一面正好对着行道。掀开路边大花紫薇的叶子，钻过去一看，湖景豁然开朗，水清影绿，鹭鸟飞翔，好景致！正是在此情景下，眼睛的余光被一种紫莹莹、粉扑扑的颜色吸引——是一丛没见过的野花，就在我脚边，正临湖照水，开得分外妖娆。

发现新的植物了！我一下子兴奋起来，举起相机连拍了好几张之后，才细细欣赏起它来。只见花瓣单层，迎着光看起来又薄又嫩，花心吐出长长的鹅黄花蕊，弯弯如钩，整株植物被周围茂盛的野草遮掩，但其最高的部分仍胜出一头，叶片有明显的五出脉，质感似有

---

1 龙舟水，民间把农历五月初五端午节前后的较大降水过程称为“龙舟水”端午时节，而这期间南方暖湿气流活跃，与从北方南下的冷空气的广东和广西，福建，海南交汇，往往会出现持续大范围的强降水。

野牡丹（*Melastoma malabathricum* Linnaeus），野牡丹科野牡丹属灌木。2015 年 6 月摄于深圳大学城。

绒毛。

说是以前没见过的野花，实际上对于植物爱好者来说，因为看得多了，慢慢地就形成了一种知识积累，见到不认识的植物，望闻问切一番，也能大概判断个一二，循着猜测去查图谱或者资料，能够比较快地求证植物的名字。比如眼前这株，我觉得很像野牡丹科的毛稔。

按照毛稔去查，发现它与毛稔极为相像，但又不是毛稔。毛稔一般有七八片花瓣，而它只有五瓣。它是野牡丹。

但是别误会了，野牡丹不是野生的牡丹，即不是我们传统概念中国色天香的“牡丹”，两者是完全不同科属种的植物。牡丹春天开花，为毛茛科芍药属落叶灌木；野牡丹则是野牡丹科野牡丹属常绿小灌木。我看到的这株野牡丹，倒是与以前常见的深圳园林美化植物巴西野牡丹是同科植物，再一想，形态上也是与巴西野牡丹非常相似的，只是巴西野牡丹的紫色更为浓烈，已紫得发蓝发干，而野牡丹则相对清淡水润。

野牡丹分布在我国云南、广东、广西、台湾等地。据《中国植物志》，野牡丹又叫山石榴（台湾），大金香炉、猪古稔（广东），豹牙兰（云南）。根、叶可消积滞、收敛止血，治消化不良、肠炎腹泻、痢疾便血等症；叶捣烂外敷或用干粉，作外伤止血药。

还有一个有趣的现象，人们发现，如果一个地方能生长野牡丹，那么这块土地往往呈酸性，所以称之“酸土指示植物”。

对我来说，最有趣的是我“发现”了它！在这个我已经非常熟悉的校园，我发现了不认识的植物，并且根据判断查阅资料进一步准确地了解了它，由此享受到了令人无比愉悦的发现的乐趣。

没错，发现的乐趣。就像北京大学的博物学教授刘华杰说的，“发现并不只是科学前沿的专利，每一发现也未必要写成SCI文章发表出来”，自古以来，与自然博物或者说与植物有关的知识已积累很多，书籍浩如烟海，“但与你、我、他何干”，只有通过亲身实践，具体关注一花一草一鸟一兽，自己才能与那些公共知识关联起来，由此对万物之间的普遍联系产生切身的感受和深刻的领悟。

时不时就有新的发现，这是博物多么迷人之处啊！

银杏叶

秋天，我的微信朋友圈被“李世民栽的这棵银杏，美了 1400 年”给刷了屏。西安古刹，一夜风雨后，唐太宗李世民亲手栽种的那棵古老的银杏树黄叶遍地，让人顿觉“繁华落尽、梦回大唐”。作为一名不知四季的深圳人，对此万分向往。幸运的是，虽然没有看到李世民那棵银杏树，今年十一月借着到北京参加首届博物学文化论坛的机会，我见到了“北平”金黄色的银杏叶。当我沉醉在灿烂的银杏林中，情不自禁吟诵出“每一个向死而行的生命都热烈地生长”这样颇有哲思的句子后，我还不忘捡了一大包银杏落叶空运回深圳。

有银杏树的地方，人们继续观赏银杏树；而看不到银杏树的我可以继续看压成标本的银杏叶。其实我的私人植物标本馆已经搜集了四种不同来历的银杏叶了，分别来自我老家江苏常州、南京鸡鸣寺、云南腾冲，以及这次的北京。常州的那几片慰藉我的思乡之情；鸡鸣寺的染上了一袭幽然之气，令我心静；云南腾冲的三片获赠于也热爱草木的朋友，是惺惺相惜的缘分；北京的几片来自清华园和北大未名湖畔，是我割舍不断的母校情和对首届博物学论坛的难忘记忆。在我看来，每一片都很美。

我从北京带回深圳并压制干燥后的银杏叶。银杏（*Ginkgo biloba* L.），银杏科银杏属乔木，又叫白果（植物名实图考）、公孙树（汝南圃史）、鸭脚子（本草纲目）、鸭掌树。银杏为中生代孑遗的稀有树种，系我国特产。相传从魏晋南北朝至隋唐时期传入日本，又从日本传入欧洲。现在朝鲜、日本及欧洲、美各国庭园均有栽培。2015 年 11 月摄。

然而，因为我的银杏叶之美说起来都与经历和情感有关，那些都是属于非常个人化的东西，也许难以引起别人的共鸣。对银杏叶的审美，少数人像我这样有个人情感在里面，绝大多数人并不需要理由，美就是美，哪来那么多矫情的桥段。

美应该还是有理由的。比如我们说一个人颜值高，其实还是可以从身材的黄金比例、五官的三停五眼等找到依据。对于银杏叶之美，我也很想寻找一种撇除人的经历在里面的纯粹解读，从更普适的视角来探寻为什么人们会觉得银杏叶很美，或者说，银杏叶凭什么那么美。

文学作品中常见的，说单片的银杏叶像蝴蝶、像中国折扇、像小手，说银杏叶落满地像金色的地毯，都是不错的比喻，但不知道是不是因为这类描述太多已提不起我的兴趣，还是类比的修辞总有种隔靴搔痒没有触及本质的无力，这些文学赞美，似乎总不能让我感到满意。

令我眼前一亮的文字来自绘画领域。英国画家荷加斯在他的艺术理论著作《美的分析》中提出了“最美的线条”一说，他认为，波状线、蛇形线都是美的线条，这类线条能让人的目光不由自主地对其追逐，产生心里乐趣，所以是富有魅力和吸引力的线条。荷加斯还提出，辐状放射线也是美的线条，能让人感到自由、奔放、没有束缚，使眼睛看着舒服。

也许秘密就在这里。

我们来仔细地看一看单片的银杏叶吧。假如把银杏叶比作一把折扇，扇子边缘并非是光滑的弧线，而有着变化不定的波浪形曲线；以扇柄为起点，叶脉像扇骨一样往外辐射。将波浪线和辐状放射线这两种世界上最美的线条图形在一片银杏叶上组合，简直完美，无可挑剔！

对于黄叶遍地这一景象的欣赏，也可以从达芬奇的色彩理论中获得启发。达芬奇认为，黑色在阴影中最美，白色在光亮中最美，青、绿、棕在中等阴影里最美，黄和红在亮光中最美。可不是吗？黄色在亮光中最美，北方的秋天，万物消退收敛，纷纷让出空间来，仿佛天空都变得更高了，这时候的光线少有阻碍，是很亮堂的。金黄色的银杏叶在明亮的秋天呈现了它们的最美。

我想起了朋友跟我说的去广东韶关看银杏叶的事情。别以为广东没有金黄色的银杏叶可看，韶关也有，广东人们纷纷趋之，结果一看，林子是个林子，但怎么就感觉达不到照片上看到的北方银杏树的那种美呢，完全不够金、不够亮、不够震撼。现在想来，是呀，广东的秋冬花红叶绿，还是夏天的范儿，光线仿佛穿不透浓密的绿，空气中少了一份清透敞亮，银杏叶的金黄色难以凸显啊。

看来，美之所以美还是挺复杂的，就拿银杏叶来说，除了天生丽质，所处环境也很重要，内因外因一样不能少。当然了，如果曾经获赠过银杏叶，或曾将银杏叶赠与过他人，或曾捡起一片银杏叶压在书里悄悄藏起自己的一段心情，那也是美，可以自己独品的美。

也不完全是独品，看到一段欧阳修获赠银杏叶的故事，心里慰然。梅尧臣将江南的银杏叶寄给了欧阳修，欧阳修十分喜欢，当即赋诗一首，梅尧臣收到欧阳修的诗，又回诗一首。古人凭着这银杏叶你来我往的，好不风雅。

红千层

在说红千层之前，有必要先讲一则“很久以前”的故事。

1768 年 8 月，英格兰普利茅斯港口，一艘巨大的船正要扬帆起航。这艘船名为 HMS 奋进号，船长是大名鼎鼎的航海家、探险家、制图师詹姆斯·库克，人称“库克船长”。乘坐这艘船随行的有著名的博学家、后来担任英国皇家学会会长的约瑟夫·班克斯，以及他的助手和学生们。

奋进号进行的是一场伟大的探险，它先是向西横跨大西洋，乘风破浪，一路往南，到达南美洲最南端的合恩角。合恩角是大西洋和太平洋的分界线，这里处处是荒岛礁石，寒风刺骨，波涛汹涌，环境十分凶险。班克斯率队上岸考察植物，有队员在恶劣的环境中丧生。

绕过合恩角，奋进号进入太平洋，在茫茫大洋中继续向西航行，终于在 1769 年 4 月抵达南太平洋的明珠“大溪地”，在那里开展各种考察，包括植物采集。考察期间，库克船长接到由英国海军部发来的密函，要在南太平洋寻找“未知的南方大陆”。

1769年8月，奋进号继续向西航行，两个月后抵达新西兰。库克船长在新西兰逗留五个多月，进行勘察和制图。1770年3月，奋进号再次向西起航，于4月抵达澳洲大陆东南海岸。随船博物学家班克斯等人在这片海岸发现了大量在欧洲从未见过的新奇独特物种，他们兴奋不已，采集了上千件植物标本，随船画师画了260多幅植物插画，在当时英国乃至欧洲的植物学界引起轰动。这个港湾，后被称作"博特尼湾"。博特尼，Botany，译为植物学。

之后库克船长还率队进行了另外两次航海探险，植物学家们采集的植物品种达三千余种之多。在这些欧洲人眼里新奇独特的物种中，包括桉树、金合欢属植物、银桦属植物、含羞草属植物等等，其中包括红千层。前面铺垫那么多，我们的主角红千层终于出场了。

红千层，桃金娘科红千层属植物，原产于澳大利亚。本来红千层仅仅澳大利亚独有，第一个把红千层带出澳大利亚的，就是随着库克船长进行大航海的博物学家班克斯。自从班克斯把红千层引种到英国伦敦后，这种植物就在整个欧洲大陆受到了极大的欢迎，得到了迅速的扩张。如今，红千层已经在英国、法国等欧洲国家，美国加州、佛罗里达州，新西兰等地广为栽种。（参见李敏莹、冯志坚《红千层属观赏植物介绍及其园林应用》）

红千层引入中国后，在我国南方城市深圳也极为常见。我的校园逢水的岸边就总有几棵。现在我们该揭开红千层神秘的面纱，看看它长什么样了。

红千层的品种其实很多，有灌木状的，也有乔木状的。灌木状的枝叶总像乱蓬蓬的头发，乔木状的又有些像垂杨柳。其实更具体的分类远不止灌木或者乔木，看了一些资料，大概有柳叶红千层、美花红千层、帝王红千层、岩生红千层等三十余个品种。

我对品种的鉴定并不感兴趣，我注意的是它的花。红千层与水蒲桃、白千层等其他桃金娘科植物一样，是“观雄蕊”植物——开花时花瓣退居二线，而让发达的雄蕊作为颜值担当。这类花儿看起来都比较萌，比如水蒲桃开花像毛绒球，而穗状花序的红千层则像“奶瓶刷子”。

以前每当有学生问我那是什么花，我回“奶瓶刷子”，没有人不显露出惊讶而欢喜的表情。“奶瓶刷子”这样的萌物，怎会有人不喜欢。如今，我知道了这“奶瓶刷子”背后，还有一段波澜壮阔的航海史。下次再有学生问我，我要讲讲这段探险故事了。

1
—
2

1 乔木状的红千层。2014 年 3 月摄于深圳大学城。

2 灌木状的红千层。红千层（*Callistemon rigidus* R. Br.），桃金娘科红千层属。2014 年 4 月摄于深圳大学城。

豌豆花

在野外邂逅豌豆花，是前些天我在一项“拯救食虫小草锦地罗”秘密行动中的意外收获。那日中午，我和小伙伴（也是植物爱好者）进入预先定位好的某建筑工地，我们像“摸金校尉”那样，按照地图的指示一路探寻，却误入一处农田，看见了两架豌豆正开着花，一架淡紫配酒红的花，一架纯白的花。

南国艳阳下的豌豆架是闪闪发光的，水嫩的豌豆叶闪着光，轻盈的豌豆花闪着光，就连缠绕的豌豆藤也闪着光。

我欢喜地跳进田垄里，满足地沉浸在豌豆特有的青脆气息中，豌豆花在我身边轻轻摇曳。淡紫配酒红的豌豆花俏皮，纯白的豌豆花淡然，各有各的美。置身花丛中，我还发现，淡紫配酒红的这种豌豆花开过了之后，会变成纯净的天蓝，安静地退在一旁，也是极为好看。

我看看这朵，摸摸那朵，无比快乐，只觉四周出奇的安静，安静得我听到了风吹过时豌豆叶互相摩擦的沙沙声和我自己的心跳声。这大概就是传说中的“物我两忘”吧，真是妙不可言。而这种美妙是可遇不可求的，在我看来，只有在自然中偶遇才能获得。

汪曾祺说过，美，多少要带有一点偶然。

是的，我爱看植物，却不是为了看植物而看植物，我想在自然中

“遇见”它们。比如，在校园的落羽杉树下捡到一块散发着松香的油脂，即便它很小，里面也没有小昆虫，却比在古玩市场看到一大堆琥珀令我兴奋多了。又比如，爬山时转过一个山头，忽然看见对面山腰上一棵野生桃树开着满枝的花，虽然无法触及，却比在公园看到一排排整齐栽种的桃花树令我兴奋多了。在野外看见这两架豌豆花，当然也是最美妙的体验。

仔细看豌豆花的样貌，它的造型不是大多数花朵那样的对称形，而是半边型，恰好像一只舒展着翅膀驻留在草尖的蝴蝶。如果逆光看，花瓣上的条纹脉络清晰可见，像蝴蝶翅膀上精致纤巧的斑纹。内层小一些的花瓣则厚实地紧裹着深藏在中心的更小的花瓣，像极了蝴蝶灵活小巧的身体。

虽然卢梭在《植物学通信》中对豌豆花的造型给予了更加科学的描述，说它的“花瓣分为旗瓣、翼瓣和龙骨瓣”，“旗瓣像一把大伞覆盖在其他部分之上；翼瓣长在旗瓣下面的两片侧翼上，生得结实；龙骨瓣护卫着花朵的中心部位，庇护着豌豆花的幼嫩果实”，我还是更愿意用非术语来形容豌豆花，就说它像蝴蝶，从头到尾都像。

豌豆花的确总是被比喻成蝴蝶。我想起了经典的儿童绘本诗集《蝴蝶·豌豆花》，其中就有一首这样的诗：“一只蝴蝶从竹篱外飞进来 / 豌豆花问蝴蝶 / 你是一朵飞起来的花吗？”图画也配得很有童趣——热闹的豌豆花藤和欢快的蝴蝶，两者神形皆似，蝴蝶低着头，豌豆花仰着“头”，仿佛真的在对话。

关于豌豆花像蝴蝶，我还看过一句绝妙的话，说豌豆花的旗瓣像蝴蝶张开翅膀一样高高耸起，这样不是招蜂引蝶，而是占山为王，仿佛向真正的蜂蝶宣告了这朵花的主权。这个说法有点意思。事实上，

1
—
2

1 淡紫配酒红的豌豆花。2016 年 2 月摄于深圳市南山区某荒地。豌豆（*Pisum sativum* L.），豆科豌豆属一年生攀援草本。

2 纯白的豌豆花。2016 年 2 月摄于深圳市南山区某荒地。

1
—
2

1 豌豆花总是被形容成蝴蝶。2016 年 2 月摄于深圳市南山区某荒地。

2 绘本《蝴蝶 · 豌豆花》插图。

豌豆花是闭花授粉的，不像那些需要借助风或者小动物传粉的花朵，豌豆花在花苞没有张开的时候，就已经完成了授粉。张开的旗瓣，可不就像是宣告主权了嘛。蜂蝶光顾开花以后的豌豆花，说白了做的都是无用功啊。

说到这里，可能很多人会想起高中生物课遗传学知识中的孟德尔豌豆试验。孟德尔选用豌豆做遗传学试验，是因为豌豆既自花传粉，又闭花授粉，在自然条件下，一般是纯种，相对性状易于区分且能稳定地遗传。

蝴蝶与豌豆花的故事是很适合讲给孩子听的，孟德尔的豌豆实验也能激发好奇心，那将是极好的诗意教育和科学教育，但不是睡前躺在床上讲，我想，最好是在野外，在和孩子一起偶然发现满架豌豆花的时候。

在邂逅豌豆花之后，我们在博物圈朋友的帮助下找到了锦地罗，在不远处挖掘机隆隆的噪音中，我们小心挖掘了一些带回到深圳大学城校园。现在，我们带回的锦地罗逃离了被挖掘机铲掉的命运，每天都能在深圳大学城呼吸着塘朗山下西丽湖畔新鲜的空气，晒着太阳，也像当日我看到的豌豆花那样悠然自得了吧。